GUANYU DIQIU NI YAO ZHIDAO DE 100 JIAN SHI

关于地球，
你要知道的
100件事

英国尤斯伯恩出版公司 编著

孙 迪 译

接力出版社
Publishing House

桂图登字：20-2019-077

100 Things to Know about Planet Earth

Copyright © 2020 Usborne Publishing Ltd.

Batch no: 04942/12

First published in 2019 by Usborne Publishing Ltd., England

图书在版编目（CIP）数据

关于地球，你要知道的 100 件事 / 英国尤斯伯恩出版公司编著；
孙迪译 . 一 南宁：接力出版社，2020.10
（少年科学院）
ISBN 978-7-5448-6737-5

Ⅰ.①关… Ⅱ.①英…②孙… Ⅲ.①地球-少年读物 Ⅳ.① P183-49

中国版本图书馆 CIP 数据核字（2020）第 112650 号

责任编辑：李 杨　　文字编辑：杨 雪　　美术编辑：张 喆
责任校对：杨少坤　　责任监印：陈嘉智　　版权联络：闫安琪
社长：黄 俭　　总编辑：白 冰
出版发行：接力出版社　　社址：广西南宁市园湖南路9号　　邮编：530022
电话：010-65546561（发行部）　　传真：010-65545210（发行部）
http://www.jielibj.com　　E-mail:jieli@jielibook.com
印制：鹤山雅图仕印刷有限公司　　开本：710毫米×1000毫米　　1/16
印张：8.5　　字数：120千字
版次：2020年10月第1版　　印次：2021年5月第2次印刷
印数：10 001—20 000册　　定价：68.00元

本书中的所有图片由原出版公司提供

审图号：GS（2020）4588号

在**浩渺无边**的**宇宙**中，
有一颗充满生命活力的蔚蓝星球 ——
地球，
我们居住在上面。
地球从来不懂吝啬和自私，
倾其所有馈赠给我们。
对于这个美丽、神秘的家园，
你了解多少呢？
让我们在阅读中认识它，
爱上它，
并学会保护它。

1 非洲和格陵兰岛哪个更大？

得看你用的是哪种地图。

地球是一个两极略扁，赤道略鼓的椭球体，如何在平面上呈现？这可让地图绘制者们犯了难。虽然方法不少，但是没有一种称得上绝对精确。

第120—121页的地图列出了本书提到的一些事件的发生地。
你还可以翻到第124—125页查看书中的一些术语解释。

为了使内容呈现在同一平面，地图绘制者尝试用不同方法对地图进行抻拉和挤压。一种重要的方法诞生了——投影。

墨卡托投影法是荷兰地图学家墨卡托于1569年创造出的。

按这种方法绘制的平面地图，国家的形状基本正确，但位于地球南北两端的国家看上去面积要比实际大很多。

1855年，詹姆斯·高尔想出了一个新方法。这种方法后来被称为"高尔–彼得斯投影法"。

按这个方法绘制平面地图，国家的面积与实际面积相差不大，可是形状却失真太多。

非洲（下图绿色部分）的面积实际上约是格陵兰岛（紫色部分）的14倍，但用不同的投影法，显现出来的样子差别很大。

墨卡托投影法
（形状正确，面积错误）

正确的面积和形状

高尔–彼得斯投影法
（面积正确，形状失真）

即使是利用计算机展示的数字地图也没办法完全解决这一难题。

2 想要丈量地球，

用骆驼和影子就够了。

很久很久以前，没人知道地球有多大。大约2,300年前，一位名叫埃拉托色尼的古希腊数学家想到了一个测量地球周长的简单方法，而且他的测量结果还相当准确。

埃拉托色尼注意到，正午时分，在不同城市，即便建筑物的高度相同，投在地面上的影子的长度也不一样。

于是他雇人骑着骆驼从亚历山大到赛伊尼，测出了两座城市之间的距离。

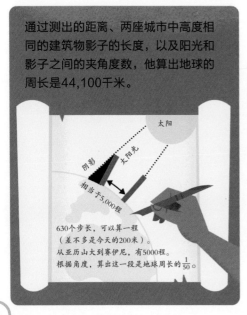

通过测出的距离、两座城市中高度相同的建筑物影子的长度，以及阳光和影子之间的夹角度数，他算出地球的周长是44,100千米。

太阳

阴影　太阳光

相当于5,000程

630个步长，可以算一程
（差不多是今天的200米）。
从亚历山大到赛伊尼，有5000程。
根据角度，算出这一段是地球周长的$\frac{1}{50}$。

现代科学家通过卫星测量出地球赤道的周长是40,075千米。

我的计算结果还挺准确，我需要的只是影子、骆驼和想象力！

3 地球上的一切……

刚好适合生命存在。

地球绕着太阳运行，而它运行的轨道正处在天文学家所说的"宜居带"。在这里，从太阳到达地球表面的阳光不多不少，刚好适合生命生存。到目前为止，地球是我们知道的唯一一个有生命存在的星球。

地球为何如此完美？

液态水

地球距离太阳不远不近，这使地球表面的温度刚刚好，液态水能够一直存在。这一点对生命来说至关重要。距离太近，水会蒸发掉；距离太远，水又会凝结成冰。

运动的地壳

地壳不断运动，碳、铁这些对于生命来说重要的元素就可以不断循环和分配，不会局限在一个地方或者一块大陆。

稳定的大气层

地球的引力刚好可以使大气聚集在它周围，这层大气可以保护地球不遭受太多宇宙辐射的影响。

这颗星球正合适！

地球是已知的唯一有生命存在的星球，但或许在宇宙的某个地方，还有其他存在生命的星球，只是我们不知道罢了。

4 24只兔子……

改变了澳大利亚的地貌。

当一个新的物种出现在某个地域，并且破坏了当地的生态平衡，这个新物种就叫作入侵物种。在澳大利亚，兔子就成了当地的入侵物种。

1859年，来自英国的移居者托马斯·奥斯丁将24只兔子带到了自己的庄园。虽然他不是第一个把兔子带到澳大利亚的人，但麻烦却因他而起。

那些兔子不停地繁殖，

繁殖，

一直繁殖……

1901年到1907年这段时间，人们修建了3,000千米长的栅栏，企图把兔子围在里面。可是没想到，兔子轻轻松松挖个洞，就成功"越狱"了。

据估算，60年的时间里，澳大利亚的兔子数量就达到了100亿。

它们啃食草、小型植物和树苗，甚至连植物的根茎都吃。新植物无法生长，当地的动物就没有食物可吃。

没有植物，土质就会变得疏松。风一吹，沙尘四起。曾经绿茵茵的地方变成了一片荒地。

在今天的澳大利亚，兔子仍然是入侵物种，政府严格控制着它们的数量。

5 地球是一颗美丽的水球，

但可供人类饮用的水却很少。

我们将地球称作一颗蓝色的星球，因为地球表面的70%都被水覆盖。但其实这些水只占了地球总体积的一小部分，且其中大多是咸水，无法供人们饮用。

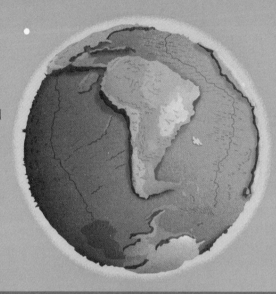

地球内部主要是固态岩石和岩浆。

地球上所有水的体积只占地球总体积的0.02%。

6 渔网、绳子、塑料袋……

竟然出现在鲸的身体里。

2018年，一头幼年抹香鲸尸体被冲上西班牙海岸。在它的胃里，人们发现了各种人造物品，其中有重达30千克的塑料。

专家认为，这些垃圾损害了抹香鲸的消化系统，最终导致了它的死亡。

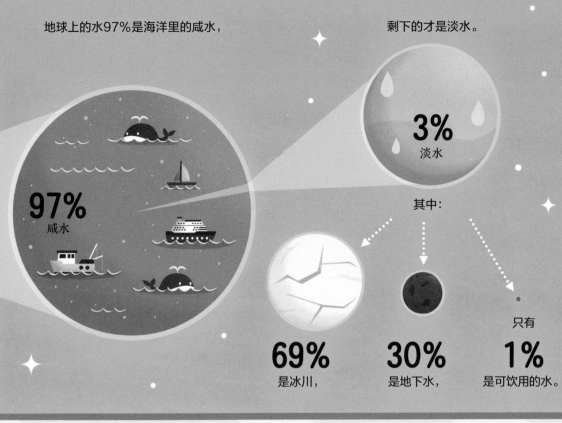

地球上的水97%是海洋里的咸水，　　　　剩下的才是淡水。

3%
淡水

97%
咸水

其中：

69%
是冰川，

30%
是地下水，

只有
1%
是可饮用的水。

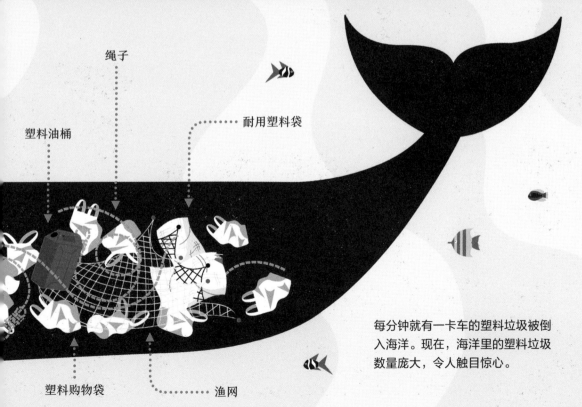

绳子

耐用塑料袋

塑料油桶

塑料购物袋

渔网

每分钟就有一卡车的塑料垃圾被倒入海洋。现在，海洋里的塑料垃圾数量庞大，令人触目惊心。

7 地球上几乎任何地方……

都适合细菌存活。

细菌是一种微生物，这种微生物可以说是地球上最小且生命力最强的生命形式。在许多极端环境中，一般的生物都无法生存，细菌却能大量繁衍，比如——

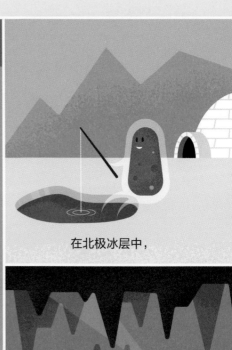

在北极冰层中，

在人类体内，

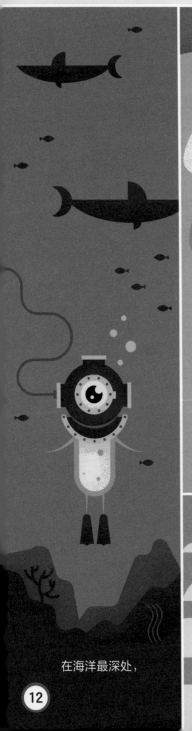

在海洋最深处，

在坚硬的岩石内，

在冰雹中。

科学家将这种生存在极端环境中的微生物称为极端微生物。

8 地球上所有细菌的重量加起来，

超过人类的重量之和。

细菌很小，10,000个细菌聚在一起也只有铅笔尖那么大。但是，地球上细菌的数量太庞大了，如果把所有细菌的重量加起来，要远远大于人类的重量之和。

细菌的平均重量：
0.000000000000000665千克

（不同的细菌重量不同，这里给的是一个大肠杆菌的重量。）

成年人的平均体重：
62千克

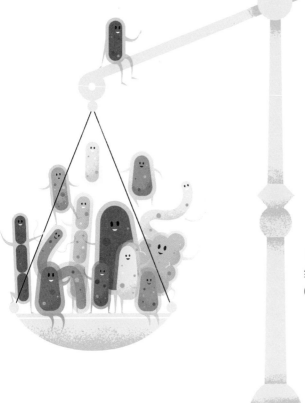

目前，地球上的人口数量约为7,800,000,000，细菌的数量约为5,000,000,000,000,000,000,000,000,000,000——5后面有30个0!

这样算来，所有细菌的重量加起来要远超过人类的重量之和。对地球来说，这是一个好消息，因为许多细菌都有重要的作用，比如可以将土壤和海洋中的成分进行分解和再利用，从而保持土壤和海洋的健康。

9 暴雨过后，

沙漠里也会开出花来。

沙漠非常干旱，但在那里依然有植物顽强地生存。植物生长离不开水，生长在沙漠中的植物，它们的种子会在地下休眠数年，静候雨水的降临。

位于南美洲的阿塔卡马沙漠，一年的降水量有时只有1毫米。

有时受厄尔尼诺现象的影响，才会出现一次强降雨。

在雨水的滋润下，种子萌发出幼芽。

几天之内，花朵就会盛开，遍布这片荒凉的土地。

这些沙漠之花的花期可以持续几周，凋零后又留下新的种子，等待下一场降雨。

10 树木也会害羞，

不愿意碰到一起。

在森林里，如果抬头看向树木的顶部，你会发现树和树的枝叶之间都留有一些空隙。这是一种叫作"树冠羞避"的现象。

树木主干以上的部分叫树冠。

树和树的树冠之间会自动空出一点儿距离。

人们在不同地方都发现了这种树冠羞避现象，这也许是为了防止虫害在树木间蔓延……

也许是为了防止风刮来时树木互相碰撞。

11 生物大灭绝……

几乎毁灭了所有海洋生物。

大约2.5亿年前，地球经历了一次"二叠纪大灭绝"，在很短的时间内，96%的海洋生物灭绝了。

什么是物种？

物种是生物分类的基本单位。当一个生物群体中的个体十分相似，且不同于其他生物群体，就称这一生物群体为物种。同一物种的个体之间可以繁衍后代。

这里画了100个生物，不同物种之间数量的比例与大灭绝前海洋中各物种的数量比例相同。

大灭绝是什么造成的呢?

一颗小行星撞击了地球?

蓄积在海底的甲烷大量释放?

大型火山喷发?

这些都是科学家的推测。他们并不知道大灭绝是什么原因引起的,也不确定是不是多个因素共同作用的结果。

生物大灭绝听起来是一场灾难,但它却给新物种的发展提供了机会。在大灭绝后的1,000万年左右,恐龙出现并称霸地球。

蓝色代表已经灭绝的生物,四种其他颜色的生物是那4%的幸存者。今天海洋里所有的生物都是由这4%的幸存者繁衍而来的。

12 由于人类活动引起全球变暖，

下一个冰川期会姗姗来迟。

地球自形成时起，气候就一直在变化。地球曾被炙热的岩浆所覆盖，也曾经历寒冷的冰川期。我们现在正处在一个冰川期。这里展示了从46亿年前到今天，地球在漫长的历史中，气候是如何变化的。

极热	热	温暖	凉爽	寒冷
90摄氏度以上	26—89 摄氏度	16—25 摄氏度	0—15 摄氏度	0摄氏度以下

每一个竖杠代表地球历史中的1,000万年。

46亿年前
地球形成，地表炎热，多熔岩和火山。

35亿年前
一种微小的海洋单细胞生物出现，这是地球上最早的生命体。

24亿年前

地球经历了3亿年的冰川期。

21亿年前

火山的爆发终结了冰川期。

20亿年前—10亿年前

"无聊的十亿年"，气候几乎没有变化（详见第74页）。

4.7亿年前

出现最早的陆地植物。

6,500万年前

恐龙灭绝。

2.3亿年前

恐龙出现。

258万年前至今

开始了一个新的冰川期，也就是第四纪冰期，这个冰川期一直持续到了今天。地球的气候在冰川期和非冰川期之间交替着循环，但由于人类的活动，地球的温度逐步升高，极地冰盖正在消融，下一个冰川期可能会延迟到来。

13 为了体验在火星上的感觉，

科学家们来到了阿塔卡马沙漠。

位于南美洲智利的阿塔卡马沙漠是地球上最古老、最干燥的沙漠之一。这里土地贫瘠、岩石遍布、气候条件恶劣，这些特点使它与火星表面惊人地相似。

阿塔卡马沙漠主要由干旱、岩质的含盐土壤，古老的熔岩流，以及干涸的湖床组成。

因为这里的地貌与火星上极为相似，所以科学家们会专程到这里测试机器人漫游车。

就像在火星上一样！

阿塔卡马沙漠有多干?

这片区域在1,000多万年前就是沙漠，有些地方甚至从未降过雨。

重合的雨影区

阿塔卡马沙漠两侧的高大山脉阻挡了暖湿气流，在山脉背面形成了极为干旱的地区，叫作雨影区。

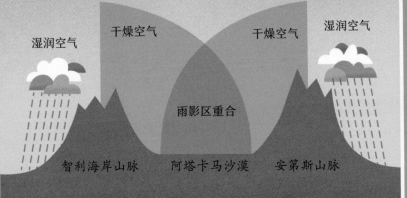

湿润空气　　干燥空气　　干燥空气　　湿润空气

雨影区重合

智利海岸山脉　　阿塔卡马沙漠　　安第斯山脉

太平洋

如果火星上有生命，那也很可能只是埋藏于地下的微生物。

科学家在阿塔卡马沙漠的土壤中就发现了一些微生物，因此他们准备把在这里用到的钻孔和取样工具也带到火星上，说不定可以派上用场。

雾中的生命

阿塔卡马沙漠的边缘地带常笼罩着从太平洋漫延而来的雾气，一些沙漠植物练就了通过获取雾气中的水分来生存的本领。

银河景观

阿塔卡马沙漠的夜空晴朗、干燥、无干扰光，因此这里是建立观星天文台的理想之地。

14 沙子会唱歌，

还会吹口哨，嗷嗷叫。

在一些沙漠地区，你可以听到沙丘发出的声音，有的像尖厉的口哨声，有的像低沉的吼叫声，还有的像隆隆的鼓声。

科学家认为，沙丘之所以会发出这些声音，是因为沙子中含有一种叫作石英的矿物质。

声音是这样产生的：

风一吹，沙丘上的沙子倾泻而下，堆积到一侧。沙子相互摩擦使石英带电，引起了振动。

大小和形状相似的沙子振动频率相同，约为每秒100次。

当大量沙子一起振动，就会产生足够大的声音，被人听到。

不同大小的沙子会产生不同的音调。

摩洛哥的沙子直径为0.15—0.17毫米，能发出低音G的音。

阿曼地区的沙子直径为0.15—0.31毫米，能发出的音横跨从升F到D之间的9度。

沙子的"歌声"可以传到15千米外。

嘘，小点声！

22

15 沙子也有人偷，

整个沙滩都面临危险。

偷沙子是一种新的犯罪形式。偷沙团伙悄悄挖走沙滩上的沙子，再用卡车把沙子运到建筑工地卖掉。世界各地的海岸线都因此遭到了破坏。

修路、盖楼要用到混凝土、砖和玻璃，它们都需要沙子作原料。每年，全世界因为建筑消耗的沙子，达数百亿卡车之多。

并非所有沙子都能用于建筑行业。沙漠地区的沙子圆而光滑，不适合制造混凝土。而沙滩或河边的沙子则比较粗糙，很适合用于建筑行业。

但这样的沙子数量有限。

岩石、贝壳、珊瑚等经过数千年的侵蚀，被磨成细小的颗粒，随后被河水或海潮冲上海岸，最终形成沙滩。

人们对沙子的需求量仅次于水资源，远高于其他自然资源。

对沙子的大量需求导致犯罪团伙开始盗挖沙滩，然后他们将偷盗来的沙子卖给出价最高的人。

16 世界上最大的瀑布……

竟然深藏在水下。

位于委内瑞拉的安赫尔瀑布是陆地上落差最大的瀑布，但位于冰岛和格陵兰岛之间的丹麦海峡大瀑布的落差是安赫尔瀑布的三倍多，而且最令人惊奇的是，它不在悬崖上，而在海里。

因为对"大"的定义不同，所以陆地上最大的瀑布并没有定论。

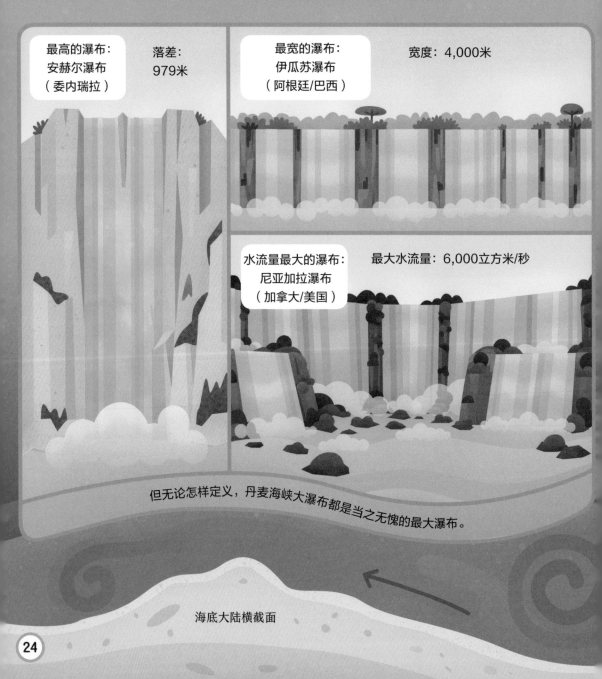

最高的瀑布：
安赫尔瀑布
（委内瑞拉）

落差：
979米

最宽的瀑布：
伊瓜苏瀑布
（阿根廷/巴西）

宽度：4,000米

水流量最大的瀑布：
尼亚加拉瀑布
（加拿大/美国）

最大水流量：6,000立方米/秒

但无论怎样定义，丹麦海峡大瀑布都是当之无愧的最大瀑布。

海底大陆横截面

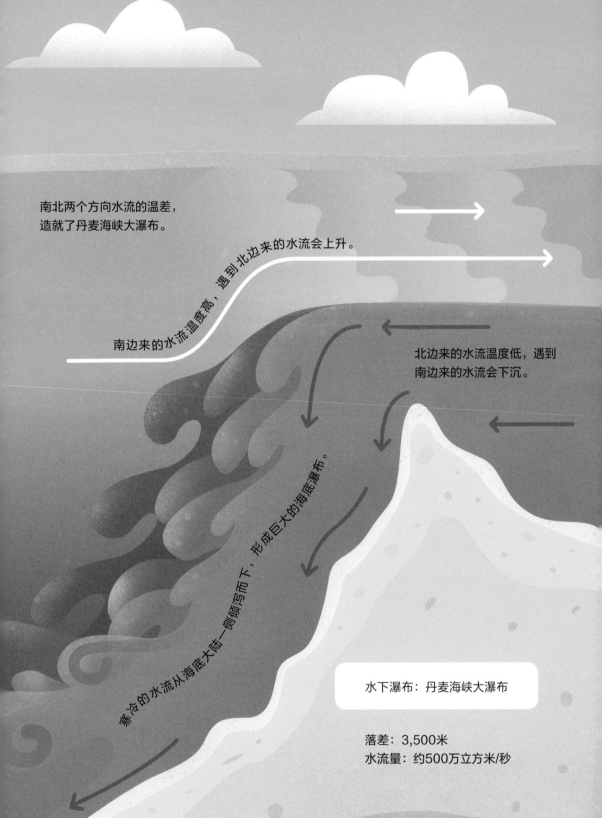

南北两个方向水流的温差，
造就了丹麦海峡大瀑布。

南边来的水流温度高，遇到北边来的水流会上升。

南边来的水流温度高，遇到北边来的水流会上升。

北边来的水流温度低，遇到
南边来的水流会下沉。

寒冷的水流从海底大陆一侧倾泻而下，形成巨大的海底瀑布。

水下瀑布：丹麦海峡大瀑布

落差：3,500米
水流量：约500万立方米/秒

17 未来天文学家看到的北极星，

未必是我们今天看到的这颗。

地球自转所绕的轴叫作地轴，地轴通过地心，连接南北两极。
地轴北端指向的那颗星，就是北极星。

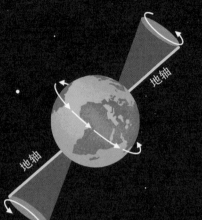

地球自转时会轻微摆动，就像一个旋转的陀螺。
由于这种摆动，地轴会在空间中画出一个圆锥面。

这种地轴在宇宙空间中运动的
现象叫作地轴进动。地轴进动
的周期为25,800年。

由于地轴进动的缘故，不同时期人们看
到的北极星是不同的。

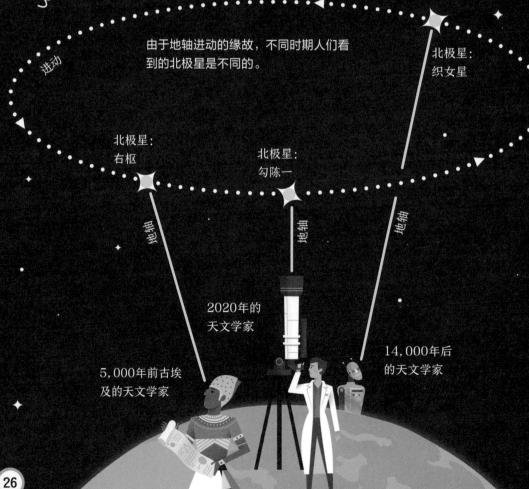

18 如果没有月球，

地球的摆动将会非常混乱。

即使地球不自转，地轴也不会保持直立。地轴始终是倾斜的，倾斜角度在22.1度到24.5度之间缓慢变化。月球的引力是地轴的稳定器，如果没有月球，地球自转轴摆动的幅度就会增大，而且会变得毫无章法。

如果没有月球，地轴倾斜角度的变化幅度可达85度，地球上的气候会变得极不稳定。

太热了！

地轴

地球表面可能会有大规模的冰层覆盖。

地轴

好冷呀！

好在月球的引力能使地球自转轴的倾斜角保持稳定，因此地轴倾斜角度的变化幅度只有2.4度。

我抓住你了，兄弟！

月球的引力是地球上存在生命的重要条件之一。

19 一个嘎吱作响的大坑……

正在释放有毒气体。

在俄罗斯东北部的严寒地带，有一个巨大的塌陷区，叫作巴塔加卡深坑。里面时不时传出诡异的叫声，而且坑内足够温暖，能够融化冰雪。

嘎吱！

深100米
宽1,000米

呜！

啾呜——

警告！

地面可能塌陷。

危险！

正在化冻，易爆发严重的洪水灾害。

正在释放有毒气体！

小心踩踏！

远古野牛、猛犸和马的尸体完好地埋存在土壤中。

切勿靠近！

深坑正在扩大。巴塔加卡深坑是世界上最大的坍塌区，因为独具特色，逐渐成为旅游景点。

边缘存在坍塌风险！

20 偷走的石化木……

又被还了回来。

在美国亚利桑那州的石化林国家公园外，有一堆鲜艳漂亮的石头。
它们是远古时期树木的化石，又叫石化木。

美国石化林国家公园里的森林差不多有
2.1亿年的历史。

有的游客会偷偷带走几块石化木
作为纪念品，但一段时间后又还
回来了，因为觉得这样做不好。

迷人石化林

期待你来游览！

亲爱的管理员：

快把这块石化木拿
回去吧！自从我把它塞
到口袋里，就一直感到
很不安。

（未署名）

尊敬的管理员：

去年夏天，我从石化林国
家公园带走了这些化石，现将
其归还。化石虽然漂亮，但应
该留在公园里，方便科学家进
行研究，其他游客也可以欣赏
它们的美丽。我对之前的行为
表示抱歉，希望能得到谅解！

一位石头爱好者

石化木的前世今生

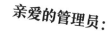

树皮

这块木头已经在地下
埋藏了几百万年，矿
物质逐渐渗入到木头
的小缝隙内，木头慢
慢就变成了花纹丰富
的石质化石。

年轮

石化木归还处

公园管理员将返还的
石化木堆到了一起。

这堆石化木提醒人
们：我们应该是地
球自然奇观的保护
者，而非破坏者。

21 大地震会让地球……

发出钟鸣声。

当发生强烈的地震时，地球的震动会引起大气层的低频振动，浑厚的声波会传播到宇宙中。这些声波人耳听不到，但围绕地球运行的卫星可以探测到。

地震产生的声波属于次声波，
我们的耳朵听不到。

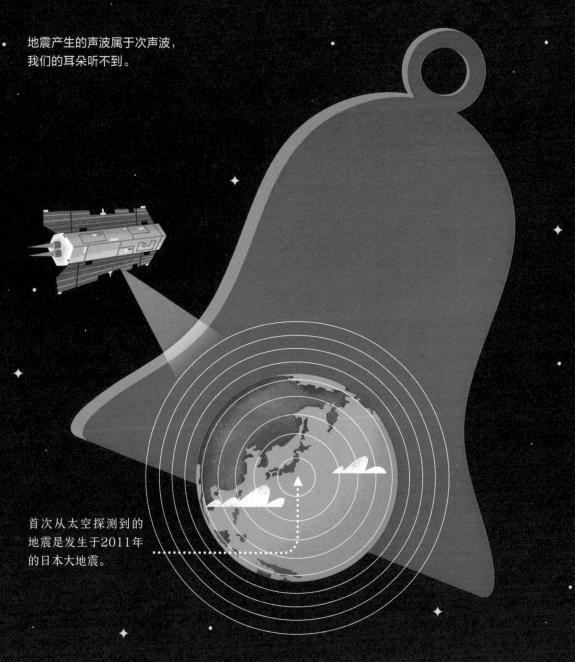

首次从太空探测到的
地震是发生于2011年
的日本大地震。

通过次声波，科学家可以精准定位震源，从而迅速将急救物资送达
受灾最严重的地区。

22 有一种岩石……

是由垃圾构成的。

在过去的20多年里，一种全新的岩石出现在世界各地，这种岩石叫作塑化岩石。塑化岩石是塑料物质熔融后，与沙砾、贝壳、卵石等黏合而成的物质。

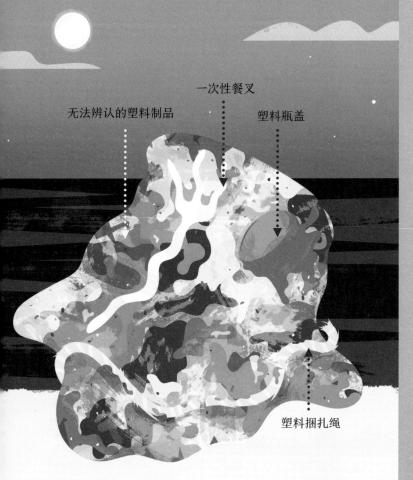

无法辨认的塑料制品

一次性餐叉

塑料瓶盖

塑料捆扎绳

塑化岩石一般是人们在堆满塑料垃圾的沙滩上露营，点起篝火形成的。

篝火的热量将沙滩上的塑料熔化，与沙砾等黏合成岩石。这种岩石可以存在几个世纪。

这里还列举了一些人类无意中制造的材料：

玻璃石

一种有轻微放射性的绿色玻璃，是在1945年的核弹试验中出现的。

氯锡矿

海水和锡发生反应形成的矿物，通常出现在失事后的运锡船上。

战争沙

由沙子和铁、钢和玻璃的细小颗粒混合而成，是1944年法国在诺曼底战役中使用的子弹和炸弹的残余物。

23 我们居住的地球，

就像一块巨大的拼图。

现代地质学家认为，地球表层（岩石圈）并不是由单块岩石形成的，而是由若干大小、厚度不一的板块构成。这些板块组合在一起，就像一块巨大的拼图。

板块之间每年都以缓慢的速度在运动，使海洋与陆地的相对位置不断变化。

地质学家认为，2.5亿年后，地球的样子会和现在有很大不同。

到那时，地球上的陆地可能会连接起来，形成一块巨大的超级大陆。

24 在非洲中部，

一片新的海洋正在形成。

这条裂缝的宽度每年都会增加2.5厘米。

2005年，在埃塞俄比亚的东北部出现了一条巨大的裂缝。

红海

达巴胡地缝

亚丁湾

这条裂缝被称为达巴胡地缝，长60千米，宽度自裂缝出现起仅3周就达到了8米。

如果裂缝继续扩大，附近的海水将会涌入其中，最后演变成一片新的海洋。

重要新闻

据称，未来100万至1,000万年间，非洲中部将形成新的海洋。

25 地球是一块巨大的磁石,

生命因此才免受致命威胁。

地球有着一个富含铁的液态地心,这使地球形成了超强的磁场。地球磁场将来自太阳的威胁降到最低,从而保护着地球上的生命。

太阳风,即太阳射出的带电粒子流,对地球生命有致命的危害。

地球磁场包围在地球周围,形成磁层。
磁层就像一道天然屏障,帮助地球抵御
太阳风的侵袭。

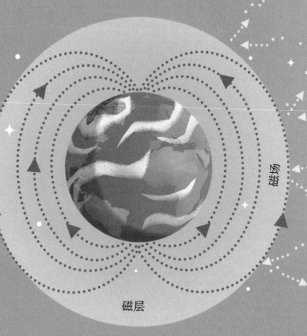

磁场

磁层

如果没有磁场,地球大气会逐渐被太阳风吹走……

地球上将没有可供人类呼吸的空气。

26 海鸟的粪便……

能帮助北极保持低温。

每到夏天，飞到北极的海鸟都会留下大量的粪便。科学家发现，这些粪便会释放一种化学物质——氨，这种化学物质虽然气味臭，但是却有降温的作用。

每年5月至9月，管鼻鹱（hù）、三趾鸥、海鸠、海鹦等海鸟都会飞到北极繁衍后代，数量多达上百万只。

海鸟会捕食大量鱼类，这对它们粪便中的成分也产生了影响。

氨颗粒

粪便分解时，就会释放出氨。

这些新颗粒凝结在一起，形成明亮的、有反射作用的云层。云层将太阳光反射回空中，从而帮助北极保持较低的温度。

新形成的颗粒

氨与海水中的化学物质发生反应，形成新的颗粒。

27 地球上不同的地理位置，

所受的重力也不同。

我们之所以能够踏踏实实地待在地面上，是因为地球有重力。在地球上的不同地方，重力大小不同。研究发现，加拿大哈得孙湾地区的重力比加拿大其他地区的重力要弱。这种现象是如何形成的呢？

大约20,000年前，哈得孙湾和周边地区被劳伦冰盖所覆盖。

劳伦冰盖

哈得孙湾

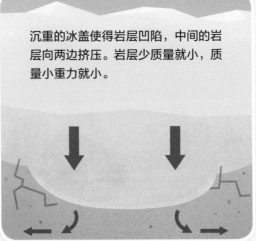

沉重的冰盖使得岩层凹陷，中间的岩层向两边挤压。岩层少质量就小，质量小重力就小。

这也就是哈得孙湾地区的重力比加拿大其他地区的重力小一些的原因。

当然，重力的差异也没有那么夸张。

凹陷的岩层正在慢慢恢复，大约5,000年之后，那里的重力可以逐渐恢复到正常水平。

28 血红血红的雨，

真的在印度下过。

2001年7月至9月，印度南部的喀拉拉邦出现了红色降雨。街道淹没在红色的雨水中，晾晒的衣服也被染成红色。关于红雨产生的原因，科学家们没有达成共识，但随着时间的推移，原因越来越清晰……

2001年7月

我推测是陨石爆炸散落的红色灰烬造成了红雨现象。

2001年11月

我不同意这个观点。在显微镜下能看到雨水中有孢子。这些孢子呈细小颗粒状，能生长成藻类。

2003年

我认为红色孢子来自其他星球，这说明外星人是存在的。

2015年

不可能来自其他星球。雨水中的红色藻类孢子和发现于奥地利的孢子是同一种类。

目前最有说服力的解释是，红色藻类孢子从欧洲某地被吹到了喀拉拉邦，之后随雨水降落下来。

29 我们生活在地球的……

第4宙第3代第12纪第34世第99期。

地球已经超过45亿岁了。为了将这么长的时间跨度表述清楚，地质学家将地球的历史划分为不同的单位。最大的单位是"宙"，前3宙各长达10亿多年，现在我们所处的是第4宙。具体来说，是第4宙中的第3代第12纪第34世第99期。

岛上有一片湖，湖里有一座岛，

岛上又有一片湖，湖里还有一座岛。

瓦肯角岛是一座非常小的岛屿，它位于一片火山口湖中。火山口湖位于一座火山岛上，这座岛形成于1911年的一次火山喷发。

2020年，瓦肯角岛和它所在的火山口湖又因一次火山喷发而消失了。

北
西 东
南

火山岛位于塔阿尔湖中。

瓦肯角岛

火山口湖

火山岛

塔阿尔湖　塔阿尔湖是在10万到50万年前，吕宋岛火山喷发时形成的。

吕宋岛是菲律宾群岛中最大的岛屿。

吕宋岛

太平洋

太平洋

吕宋岛

菲律宾群岛

31 有一种闪电很罕见，

看起来像水母一样。

上部呈亮红色的钟形

下部呈卷须状

亮度和宽度几乎都可以达到50千米。

雷暴是一种会常来天气剧烈变化的气象灾害，发生时常伴随有雷击，闪电和强降水等。在普通的雷暴中，冰晶相互碰撞产生电荷，进而产生闪电。有一种非常罕见的闪电，被人们叫作"精灵闪电"。

1989年，航天飞机的摄像机拍下了雷暴云上空出现的红色巨型闪电。它们形状酷似水母，被称作"精灵闪电"。

科学家仍在研究精灵闪电出现的原因。大部分闪电都形成于云层内部，而精灵闪电则出现在雷暴云上空。

精灵闪电难得一见，因此也很不容易研究。

一些出乎意料的条件也会引发雷电。我们来看看下面的例子——

火风暴

森林大火产生巨大的灰云。其中的灰尘颗粒相互摩擦，有时会引起闪电。

火风暴可能引发火灾，因此非常危险。

雷雪暴

冬天很少发生雷暴现象，但在暴风雪中，雪花在云中不断打旋碰撞会引起雷雪暴。

火山闪电

火山喷发时，大量的火山灰颗粒高速摩擦，使滚滚浓烟带上了电荷，同时引发了闪电。

核闪电

核爆炸使气压发生巨大变化，这种变化有时会引起闪电。

核爆炸也会引起降雨。

32 大气层中有一个洞，

不过它正在自行修复。

地球周围包裹着厚厚的大气层，大气层上部有一层臭氧层，臭氧层保护地球不受过多太阳紫外线的伤害。但由于化学污染，在南极洲上空的臭氧层出现了一个洞。好在，这个洞似乎可以慢慢自行闭合。

臭氧层空洞被发现于20世纪80年代。由于人类大量使用化学物质，特别是一种广泛用于喷雾剂的氟氯烷，臭氧洞以惊人的速度扩大。

为了阻止臭氧洞进一步扩大，自1989年起，氟氯烷在全球范围内逐渐被禁止使用。随着氯氟烷在大气中消失，臭氧层也逐渐增厚。

因此，氟氯烷禁令被认为是目前为止最有效的环保条例。但更重要的是，全世界的人们应当携手合作，提高环保意识，确保臭氧层不再受到破坏。

冰川看上去死气沉沉，

实则遍布着微小生物。

冰川给人一种荒凉、寒冷、毫无生气的感觉，但事实上，有一种外形与老鼠相似的绒团状苔藓——"冰川老鼠"，在冰面上随风翻滚，里面生活着几千个微小生物。

对这些微小的生物来说，"冰川老鼠"里的环境就像微型的豪华酒店。

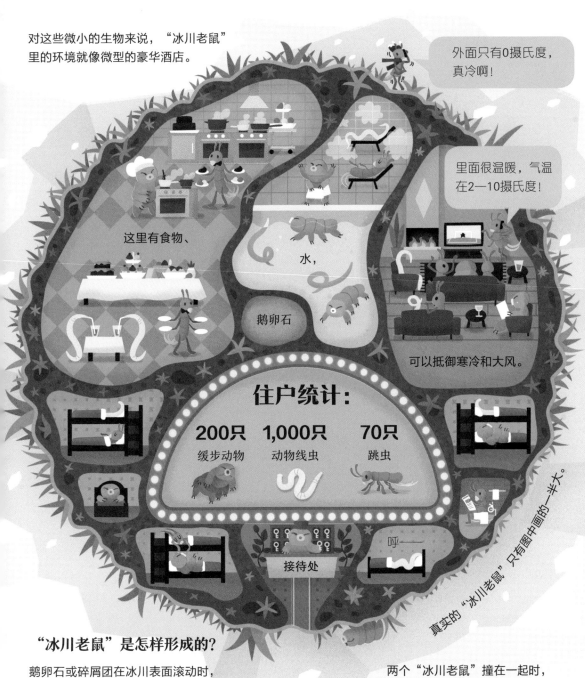

外面只有0摄氏度，真冷啊！

里面很温暖，气温在2—10摄氏度！

这里有食物、

水，

鹅卵石

可以抵御寒冷和大风。

住户统计：

200只	1,000只	70只
缓步动物	动物线虫	跳虫

呼——

接待处

真实的"冰川老鼠"只有图中画的一半大。

"冰川老鼠"是怎样形成的？

鹅卵石或碎屑团在冰川表面滚动时，被绒毛状苔藓植物所覆盖，最终形成了"冰川老鼠"。

两个"冰川老鼠"撞在一起时，它们各自携带的微小生物会跳到对方上面，寻找新的栖息地。

34 气候变了，

你的穿着打扮也得跟着变。

汽油和煤燃烧时会产生二氧化碳，二氧化碳含量增加导致大气对地面的保温作用增强。因此科学家预测，在未来100年内，全球平均气温可能升高2—8摄氏度。这对我们来说，并不是什么好事。

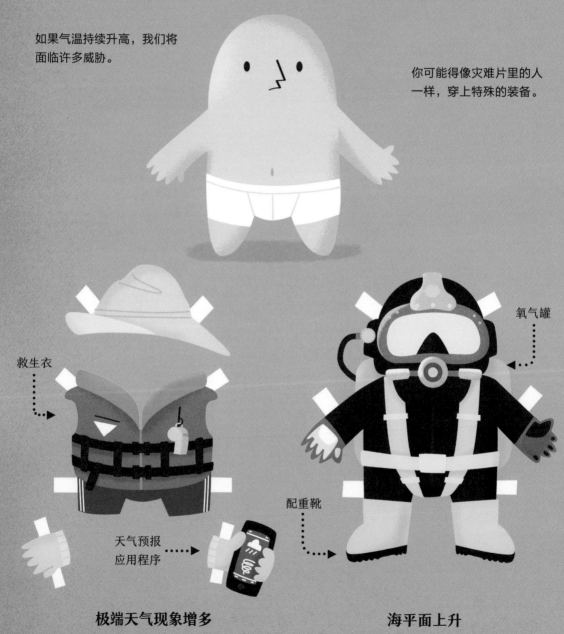

如果气温持续升高，我们将面临许多威胁。

你可能得像灾难片里的人一样，穿上特殊的装备。

救生衣

氧气罐

天气预报应用程序

配重靴

极端天气现象增多

随着气温升高，龙卷风、台风等极端天气现象会更加常见，危害程度也更强。

海平面上升

冰川和极地冰盖融化，将导致海平面升高约70米，许多沿海城市，甚至一些国家都会被淹没。

神秘细菌

灭绝物种清单

防毒面具

连体防水服

海洋酸化

海洋吸收了二氧化碳气体，逐渐酸化。鱼类和珊瑚虫将大量死亡，留下一片水中荒地。

病毒复发

曾引起天花和黑死病等疾病的病毒已长久封冻在极地冰层中。如果冰层融化，这些病毒将再度威胁人类。

防尘眼罩

净水系统

战斗奖章

核启动代码

干旱频发

大范围的干旱将变得频繁。肥沃的土地将因炎热变得寸草不生；森林和农田消失，食物会越来越匮乏。

新型战争爆发

因食物供应不足，淡水和农田减少而引发的国际争端将引发大规模的战争。

35 石头可以按大小分，

巨砾比粗砾大，粗砾比中砾大。

石头有大有小，我们常常靠肉眼辨别。而地质学家会根据伍登–温特华斯的粒度分级方法，把石头分为巨砾、粗砾、中砾等，就连最小的石头也有名字。

巨砾

颗粒直径：大于256毫米

粗砾

颗粒直径：64—256毫米

中砾

颗粒直径：4—64毫米

细砾

颗粒直径：2—4毫米

沙

颗粒直径：0.06—2毫米

比沙还小的颗粒肉眼很难看见，但仍然可以继续划分为……

哎哟！

吧唧！

粉沙，

和黏土。

沙的直径已经相当小了，而黏土颗粒则更小。

36 涂鸦……

可以拯救一个物种。

每年都有数千种濒危动物被非法买卖，有的被买去当宠物，有的被人割下身体的珍贵部分。为了拯救这些濒危物种，环保主义者不得不采取一些措施。

犁头龟的学名叫安格洛卡象龟，它们的背甲上有黑色和金色相间的斑纹，非常漂亮，于是有些人想买来作宠物。

非法买卖使犁头龟成为极度濒危的物种，野生犁头龟的数量不足100只。

在犁头龟的背甲上涂鸦会降低它们的市价，因为人们不愿意购买被涂鸦了的犁头龟。这样一来，不法分子也就不会捕杀它们了。

类似的方法也被用来保护犀牛。犀牛最受偷猎者欢迎的部分是犀牛角，一些环保主义者便用安全的方法将犀牛角摘除，这样犀牛对偷猎者来说就没有价值了。

这些方法是否会对动物造成伤害尚不清楚，所以也引起了争议。但有证据表明，这样做的确减少了对相关物种的非法买卖，因此人们认为值得一试。

37 地球上最干燥的地方……

竟然在冰雪覆盖的南极洲。

在冰雪覆盖的南极洲西部，有一片山谷——麦克默多干谷。那里狂风肆虐，干燥异常，是地球上最干燥的地方，就连智利的阿塔卡马沙漠（参见本书第20页）都比它湿润。

让我们相约在
麦克默多干谷！

受周围山岭的阻隔和下降风的影响，麦克默多干谷干燥、温暖，几乎没有降水。

冷空气在重力作用下沿陡峭的山坡向下运动，形成下降风。冷空气向下移动的过程中，温度会越来越高，其中的水分就蒸发掉了。

逃离城市，拥抱不羁的自然。

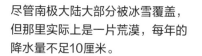

尽管南极大陆大部分被冰雪覆盖，但那里实际上是一片荒漠，每年的降水量不足10厘米。

必逛景点：

世界上含盐量第二高的湖

千年横陈

1,000年前风干的海豹尸体

"血色"瀑布

唐胡安池

风棱石

见证岁月的痕迹

富含铁元素的盐水

新的大陆岛形成时，

新的物种也开始慢慢出现。

当一部分陆地与原大陆分离，就会形成大陆岛。历经几百万年的演变，岛上的动植物逐渐与原大陆上的动植物进化出不同的特点，甚至产生了一些原大陆没有的新物种。

马达加斯加岛就是这样一座岛。那里约90%的动植物为岛上特有，其中包括约120种狐猴。下图展示了马达加斯加岛上一些独特的动物——

环尾狐猴

拉丁学名：*Lemur catta*

丝绒冕狐猴

拉丁学名：*Propithecus candidus*

指狐猴

拉丁学名：*Daubentonia madagascariensis*

马岛戴胜

拉丁学名：*Upupa marginata*

马岛獴

（一种长得像猫的哺乳动物）

拉丁学名：*Cryptoprocta ferox*

低地斑纹马岛猬

（身上有刺，以昆虫为食）

拉丁学名：*Hemicentetes semispinosus*

全世界三分之二的变色龙在马达加斯加，包括世界上最小的变色龙——侏儒枯叶变色龙。

这就是它的实际大小。

都记载了核弹的发展。

人类第一次使用核武器是在1945年。此后，全世界的科学家都在抓紧时间研发更新、更大、更致命的核弹，并进行了多次试验。地球上每一棵树都见证了那一过程。

20世纪五六十年代，全世界进行了数百次核弹试验，其中大部分试验是在户外进行的。

这些核试验释放出大量中微子，这是一种微小的颗粒，可以与大气产生反应，使原本稀少的碳-14原子急剧增加。

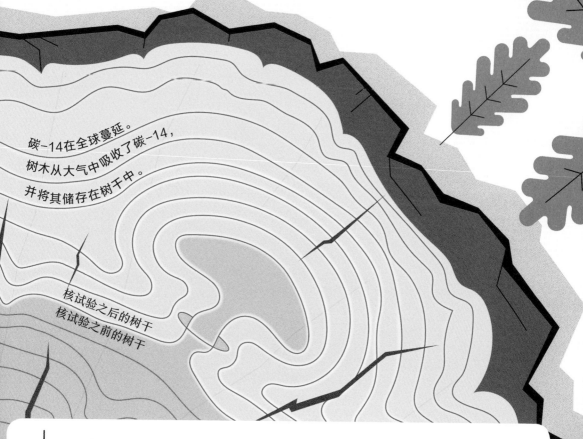

碳-14在全球蔓延。树木从大气中吸收了碳-14，并将其储存在树干中。

核试验之后的树干
核试验之前的树干

肉眼虽然看不见碳-14，但当科学家检测20世纪50年代的树木时，发现碳-14含量出现了剧增。

随着核试验逐渐减少，树木中的碳-14含量也在慢慢降低。

碳-14含量

1930年　　1940年　　1950年　　1960年　　1970年　　1980年

40 一群狼改变了……

一条河的命运。

曾经，为了保护美国黄石国家公园的农场和牲畜，猎人将狼逐出了黄石公园。
不料，公园内的野生动植物和公园本身的景观都发生了意想不到的变化。

1926年
由于没有狼的猎捕，
麋鹿数量激增。

1995年
麋鹿数量增至20,000多头。

拉马尔河

白杨树

白杨树苗很难长成成年大树。

麋鹿大量啃食白杨树，导致
白杨树的数量骤减。

由于没有足够的树根固着
土壤，河岸开始坍塌。

动物保护者不得不将狼
群再次引入公园。

水流的冲力更强了，河道
也变得更弯。

狼开始捕食麋鹿。

2000年
狼的数量增至120头。

呜呜呜呜呜呜！

麋鹿开始减少在河谷
出没，因为在那里更
容易被狼捕食。

白杨树的数量增多。树
根重新起到固着土壤的
作用，河岸不再坍塌。

河道也变得越来越直。

今天
黄石公园内有11个狼群，
约450头狼。

麋鹿的数量已经降
到7,500多头。

白杨树增多了，也为其他
动物提供了栖息地。

兔子

熊

狐狸

海狸

在一个自然群落中，所有的动植物都
互相依存，黄石公园就是一个例子。
任何物种数量的改变都会破坏整个生
态系统的平衡。

41 山谷发出的"声音"，

海里的潜艇能听到。

你好，有人吗？

在水下，普通的无线电波传递不了太远的距离，所以一旦潜艇潜入水中，与外界取得联系就会非常困难。

但在20世纪50年代，工程师们想出了一个好办法。

让无线电波在水下也能传播！

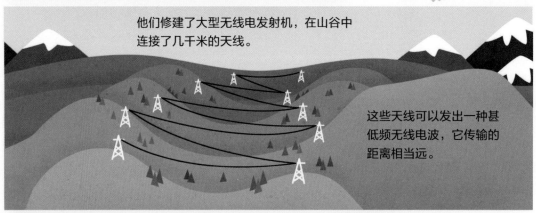

他们修建了大型无线电发射机，在山谷中连接了几千米的天线。

这些天线可以发出一种甚低频无线电波，它传输的距离相当远。

这种甚低频无线电波在地球周围的大气中以锯齿状路线传输。

嘀！

嘀！

最为重要的是，这种甚低频无线电波能到达海面以下40米，满足潜艇通信的需求。

信号非常好！

42 一个偶然形成的气泡……

保护着地球的安全。

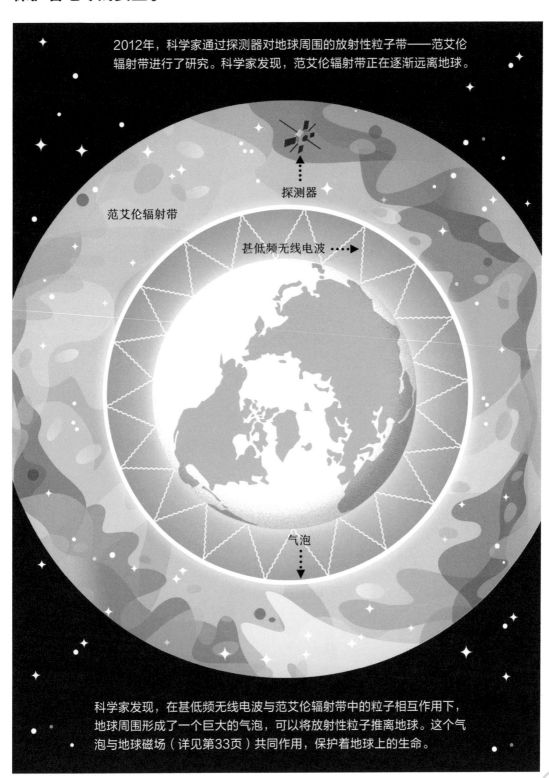

2012年，科学家通过探测器对地球周围的放射性粒子带——范艾伦辐射带进行了研究。科学家发现，范艾伦辐射带正在逐渐远离地球。

探测器

范艾伦辐射带

甚低频无线电波 ····▶

气泡

科学家发现，在甚低频无线电波与范艾伦辐射带中的粒子相互作用下，地球周围形成了一个巨大的气泡，可以将放射性粒子推离地球。这个气泡与地球磁场（详见第33页）共同作用，保护着地球上的生命。

43 英语中，有十几种……

关于冰雪的词语。

不同的语言，反映了不同民族的文化背景。因纽特人因为生活在冰天雪地的北极，他们的语言里有几十种关于冰和雪的词语，很多都无法翻译成中文。而英文当中关于冰和雪的词汇，有的有对应的中文翻译，有的只能解释一下。

你能把它们的英文名字和中文描述对应起来吗？

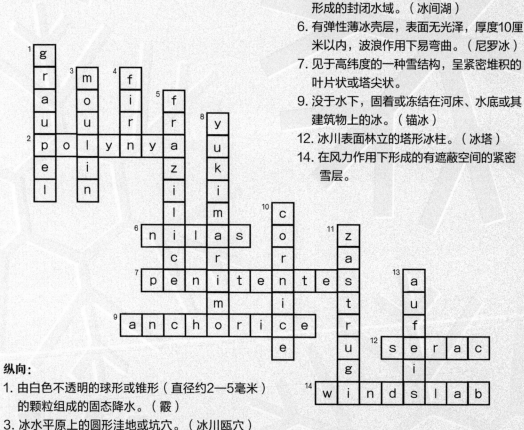

横向：

2. 海冰中间因受风和海流的作用或因断裂而形成的封闭水域。（冰间湖）
6. 有弹性薄冰壳层，表面无光泽，厚度10厘米以内，波浪作用下易弯曲。（尼罗冰）
7. 见于高纬度的一种雪结构，呈紧密堆积的叶片状或塔尖状。
9. 没于水下，固着或冻结在河床、水底或其建筑物上的冰。（锚冰）
12. 冰川表面林立的塔形冰柱。（冰塔）
14. 在风力作用下形成的有遮蔽空间的紧密雪层。

纵向：

1. 由白色不透明的球形或锥形（直径约2—5毫米）的颗粒组成的固态降水。（霰）
3. 冰水平原上的圆形洼地或坑穴。（冰川瓯穴）
4. 雪完全演变成冰川冰之前的一种过渡状态。（粒雪）
5. 悬浮在水中，或附着在河底冰盖底面的冰体。（水内冰）
8. 像风滚草一样滚动在南极洲的冰冻球。
10. 雪在风力作用下沿山脊形成的悬伸平台。
11. 被风侵蚀而形成各种形状的硬质雪。
13. 分层堆积的大团冰。

最遥远的距离，不是从地球到太空，

而是从海洋到大陆。

在太平洋中，有一个点叫作海洋
难抵极，又被称为"尼莫点"。

太平洋

尼莫点是地球表面距离
陆地最远的地点。

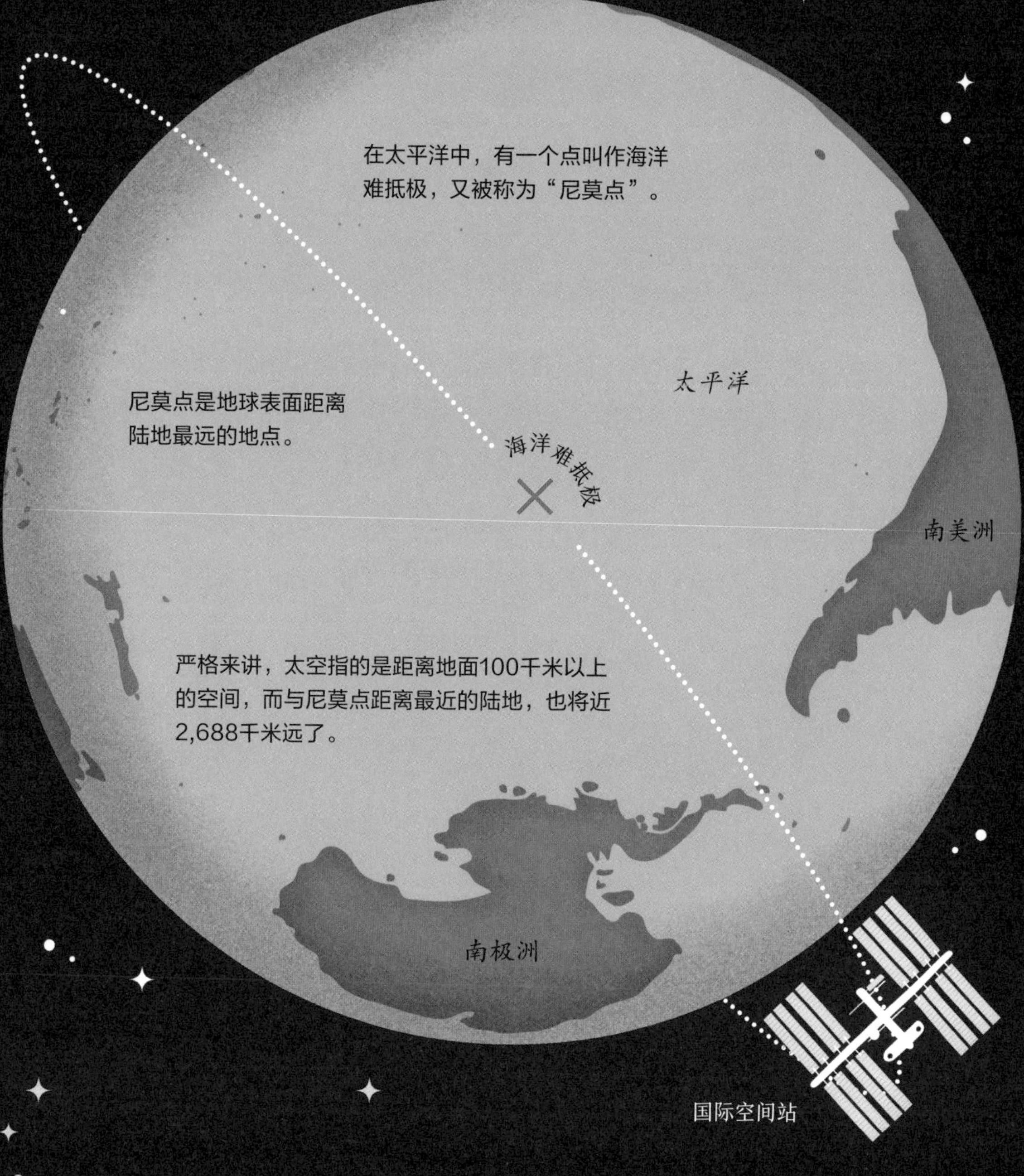

海洋难抵极

✕

南美洲

严格来讲，太空指的是距离地面100千米以上
的空间，而与尼莫点距离最近的陆地，也将近
2,688千米远了。

南极洲

国际空间站

国际空间站每天会经过尼莫点16次，当它刚好经过尼莫点正上方时，空间
站的宇航员就是距离尼莫点最近的人——他们之间的距离只有408千米。

45 为了预报天气，

每天要放飞1,600个气球。

观测天气，最好是在高高的天空中。为了监测天气状况，每隔12小时，气象学家就会在全球800个地方放飞气象气球。

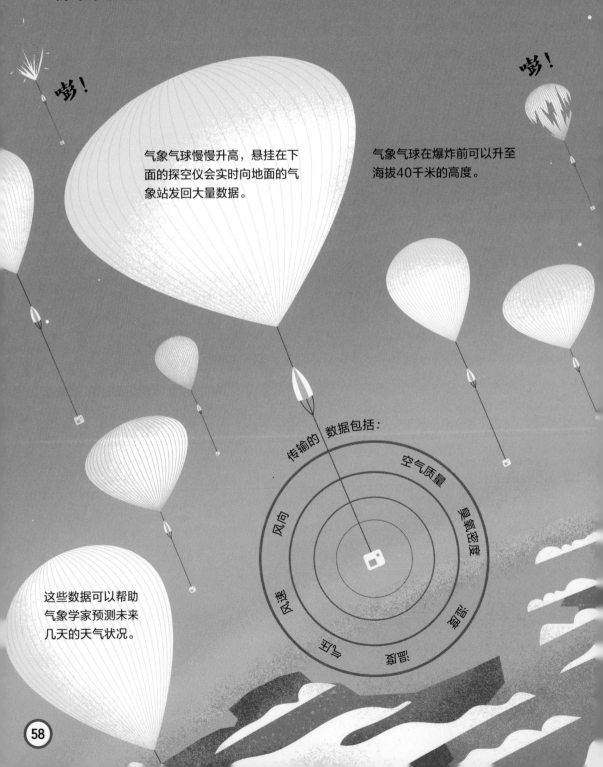

嘭！

嘭！

气象气球慢慢升高，悬挂在下面的探空仪会实时向地面的气象站发回大量数据。

气象气球在爆炸前可以升至海拔40千米的高度。

这些数据可以帮助气象学家预测未来几天的天气状况。

传输的 数据包括：

空气质量

臭氧密度

风向

风速

温度

湿度

气压

46 海啸石提醒我们……

灾难未曾远离。

海啸是由海底地震、火山爆发或海上风暴引起的海水剧烈波动，它的破坏性极强。一直以来，日本深受海啸之苦。于是，当地的人们沿海建了一座座纪念碑，也叫"海啸石"，来铭记曾经的灾难，同时也警示后人。

海啸来袭时，海水会冲上陆地，可以摧毁船只、房屋，甚至整个城镇。

海啸石纪念碑通常建在海浪可到达的最高点。

碑文警示着人们，即使海啸造成的废墟和破坏已经消失，危险也仍然存在。

谨记，海啸可到达此高度，勿在此高度以下修建房屋。

日本各地，有数百座这样的纪念碑。

最早的纪念碑建于600多年前。

海啸依然是威胁人类的自然灾害之一。不过，日本已经建立了一套利用海啸监测浮标和卫星进行早期预警的机制。人们希望，在纪念碑的警示和预警机制的提醒下，可以减小海啸对人类造成的危害。

47 北极狐竟然是……

优秀的园丁。

北极圈附近的平原，土地常年冰冻，几乎寸草不生。但在这片荒凉的土地上，零星分布着一些充满生机的小花园。每一个花园下面，就是北极狐的一个洞穴。

北极狐在洞口附近留下粪便、尿液和食物残渣，它们为土壤提供了丰富的营养。

这些营养物质供养了许多植物，也吸引来了不少食草动物和食腐动物。

北极狐每年生育6—10只幼崽。

北极地区大部分由永久冻土构成，即持续多年冻结的土石层。

挖一个洞很费力气，所以北极狐一般会去
找现成的洞穴，有时甚至会从地松鼠等其
他动物那里偷过来。

一个狐狸洞可以用100多年，北极狐
会一代接一代地维护它们的家园。

卫生间

路边小屋
地松鼠建于1910年

朝南的入口
阳光充足

鸟蛋

北极狐会囤够冬
天吃的食物。

北极狐的洞穴有很多坑道，
用来迷惑捕食者。

海草　昆虫　浆果

北极狐在冬天会换毛。

在厚厚的"冬衣"
的保护下，北极狐
不会感到寒冷，除
非气温低至零下70
摄氏度。

纯白的皮毛在
雪中可以起到
掩护作用。

旅鼠

田鼠

鹅

48 1亿年前，

南极洲上是一片茂密的森林。

今天的南极洲被冰雪覆盖，一片荒凉。但化石显示，1亿年前那里曾是一片繁茂的森林。树木生长要依靠阳光，但南极洲一年中有半年是黑夜，因此科学家十分好奇这些树木是如何生存下来的。

绿色植物在太阳的照射下，可以把水和二氧化碳合成生长所需的能量，这个过程就是光合作用。但在南极，冬季黑暗又漫长，树木严重缺乏光照。

1亿年前的南极洲

49 喜马拉雅山脉形成后，

南极洲开始冻结。

大约3,400万年前，构成地球表层的构造板块发生碰撞，形成了喜马拉雅山脉，进而带来了一系列惊人的后果……

3,400万年前

亚欧板块和印度洋板块相互挤压，使得喜马拉雅山脉不断抬升。

越来越多的岩石暴露在风雨中，它们从大气中吸收二氧化碳……

移动的构造板块

科学家推测，南极洲的树木应该是在夏天储存了足够的能量。因为在夏天，南极洲每天的日照时间有24小时。

冬天到来时，树木就能靠这些储存的能量继续生存。

大气中的二氧化碳仿佛一层薄膜，能将热量蓄积在地表。

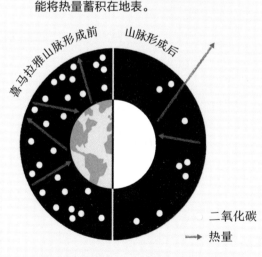

喜马拉雅山脉形成前

山脉形成后

→ 二氧化碳

→ 热量

但随着岩石增多，吸收的二氧化碳越来越多，大气中二氧化碳含量减少，热量慢慢散发掉，科学家认为这可能是地球气温下降8摄氏度，进入冰川期的原因之一。

距喜马拉雅山脉约13,000千米

冰川期，南极洲全面冻结，形成了永久的冰盖。

今天的南极洲

50 钻石运动的速度，

甚至超过了声速。

钻石形成于地下深处，距离地球表层至少150千米。而我们开采到的钻石，一般都位于地球浅表。那么，它们到底经历了怎样的运动，才一路来到地球浅表的呢？

原来，钻石搭上了"超声速便车"。它们经由火山喷发时形成的火山管来到地球浅表。

地壳

地幔

②

当熔化的岩石，即岩浆，呈筒形通过地幔和地壳喷发而出，就形成了火山管（这种火山喷发方式非常少见）。

①

地壳下面是厚度很大的地幔，地幔主要由致密的造岩物质构成。钻石就是由地幔中的碳元素在高温高压作用下形成的。

③

流动的岩浆中裹挟着钻石。

地球深处的温度很高，足以将岩石熔化，但因为氧气不足，钻石并不会燃烧起来。

④

在上升过程中，水和二氧化碳的含量不断增加，而岩浆所受压力减小，渐渐形成了气泡。这个过程就像打开一瓶香槟酒一样。

⑥

岩浆喷出后逐渐冷却，形成一种叫作金伯利岩的岩石，钻石就是从这种岩石里开采出来的。

⑤

岩浆接近地表时，喷发速度甚至可以超过声速。

51 有一座小镇，

几乎是用钻石做成的。

德国有一座古老的小镇，叫作诺特林根。这座小镇的城墙是在中世纪建成的。仔细观察，你会发现城墙的石头里点缀着无数闪闪发光的细碎钻石。

1,500万年前

一颗陨石撞击了地球，撞击产生的压力和热量粉碎了地表的岩石，使岩石中的碳转化成了极微小的钻石。

今天

在诺特林根的一座教堂里，约有5,000克拉钻石，重量加起来差不多有1千克。

陨石撞击形成了一个24千米宽的陨石坑。后来，人们就在这个陨石坑上建立了小镇。

都诞生于宇宙尘。

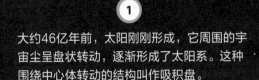

1

大约46亿年前，太阳刚刚形成，它周围的宇宙尘呈盘状转动，逐渐形成了太阳系。这种围绕中心体转动的结构叫作吸积盘。

2

当吸积盘中微小的尘粒围绕太阳转动时，尘粒间也会相互碰撞。

嘿，到这边来！

3

一些尘粒碰撞时会吸附在一起，一同旋转。

4

渐渐地，聚集在一起的尘粒会吸引更多的宇宙尘，形成一个团块，越来越大。

5

经过数百万年，其中一个团块演变成了地球。地球围绕太阳转动，也围绕自身的轴线旋转。太阳系中的其他行星也是这样形成的。

水星　　金星　　地球　　火星　　木星　　土星　　天王星　　海王

53 地球上最古老的东西，

比地球本身还要古老。

陨石 NWA 11119

2016年，在毛里塔尼亚的沙丘中，人们发现了一颗葡萄柚大小的陨石，它形成于大约45.6亿年前。

地球

大约45.4亿年前，
地球形成了。

NWA 11119形成的时候，太阳系的四个岩质行星，包括地球在内，还只是围绕太阳转动的旋涡形状的宇宙尘。

太阳

水星

金星

地球

火星

54 火焰山烧啊烧，

已经燃烧了6,000年。

澳大利亚有一座"火焰山"，名字叫作温根山。在温根山的岩质山体下有一层煤，这层煤已经燃烧了数千年。

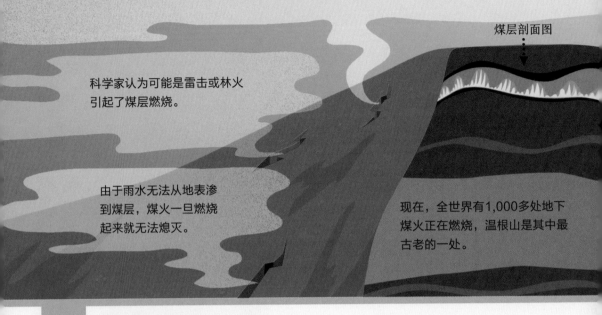

煤层剖面图

科学家认为可能是雷击或林火引起了煤层燃烧。

由于雨水无法从地表渗到煤层，煤火一旦燃烧起来就无法熄灭。

现在，全世界有1,000多处地下煤火正在燃烧，温根山是其中最古老的一处。

55 乘着涌潮冲浪，

冲完你可能就在内陆几十千米处了。

巴西的瓜玛河一般汇入大西洋，但每月至少两次，强潮会把海浪推向相反的方向。这一现象在当地被称作"河口高潮"，科学家则称其为涌潮。

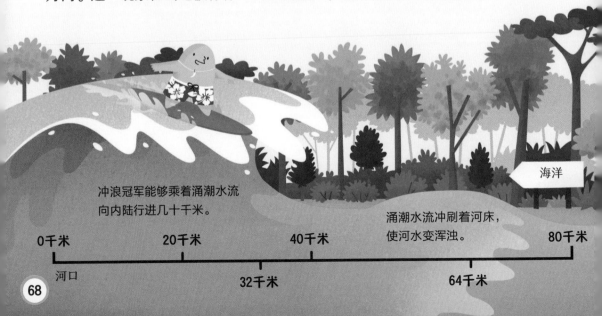

冲浪冠军能够乘着涌潮水流向内陆行进几十千米。

涌潮水流冲刷着河床，使河水变浑浊。

海洋

0千米	20千米	40千米	80千米
河口		32千米	64千米

56 地底下有"地精"，

它们会让矿工中毒。

16世纪，在欧洲中部厄尔士山脉开采铜矿的矿工身体出现异样，甚至产生了幻觉。矿工认为是生活在矿石中的"地精"向他们下了毒，他们给这种"地精"起名为kobold（意为"坏精灵"），这些矿石也因此被人们叫作Kobold。

矿工中毒的原因，其实是采矿时有毒化学物质砷泄漏到了空气中。

后来，在用矿石炼铜时，产生了一种毒性更大的化学物质——氧化砷。

直到18世纪，一位瑞典科学家在这种矿石中发现了一种人们从未见过的物质。他将这种物质命名为钴，英文写作cobalt，正是取自德语中的Kobold。

57 台风也有名字，

140个名字轮着用。

不管是亚洲所称的"台风"，还是欧美所称的"飓风"，都是热带气旋。过去，热带气旋是没有名字的。后来，为了表述方便，人们开始给热带气旋命名。

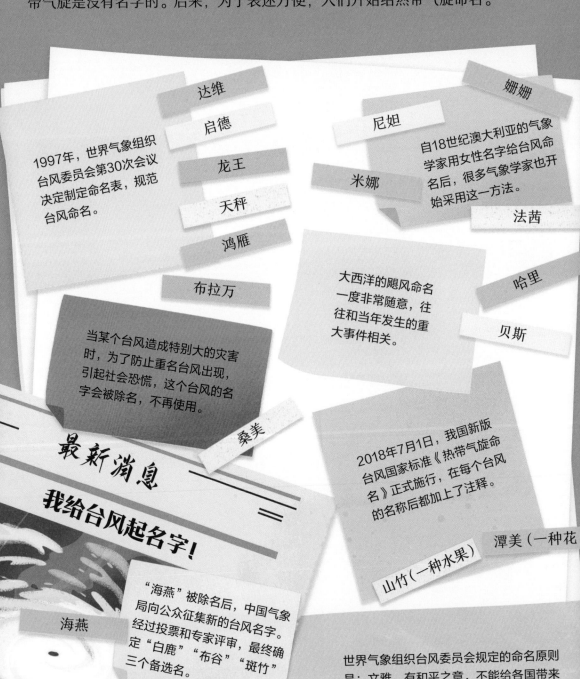

达维

启德

龙王

天秤

鸿雁

布拉万

姗姗

尼妲

米娜

法茜

哈里

贝斯

1997年，世界气象组织台风委员会第30次会议决定制定命名表，规范台风命名。

自18世纪澳大利亚的气象学家用女性名字给台风命名后，很多气象学家也开始采用这一方法。

大西洋的飓风命名一度非常随意，往往和当年发生的重大事件相关。

当某个台风造成特别大的灾害时，为了防止重名台风出现，引起社会恐慌，这个台风的名字会被除名，不再使用。

桑美

最新消息

我给台风起名字！

"海燕"被除名后，中国气象局向公众征集新的台风名字。经过投票和专家评审，最终确定"白鹿""布谷""斑竹"三个备选名。

海燕

2018年7月1日，我国新版台风国家标准《热带气旋命名》正式施行，在每个台风的名称后都加上了注释。

山竹（一种水果）

潭美（一种花

世界气象组织台风委员会规定的命名原则是：文雅，有和平之意，不能给各国带来麻烦，不涉及商业命名。因此，各国多以自然美景、动物植物来为台风命名。

风暴频率：

风暴持续时间：

平均闪电量：

最大闪电量：

每年140—160次

一年可达160万次

每次7—10小时

每小时280次

一晚可达20,000次

71

相当于在地球和月球间往返三次。

每年，动物的迁徙都在地球上画出一条条美丽的弧线。这些动物为了寻找食物、温暖的气候和繁育后代的地方，不惜长途跋涉，跨越陆地和海洋。

每年，燕鸥一路向南要飞行30,000多千米，然后再折返回来。在大约30年的生命中，燕鸥飞行距离之和相当于在地球与月球间往返3次。

西伯利亚鹤迁徙时，乘着暖气流每天可以飞行320千米。

西伯利亚鹤

为了寻找新鲜的草场和淡水，每年有150万头牛羚在塞伦盖蒂平原跋涉3,000千米。

牛羚

蜻蜓

蜻蜓会随着季节性降雨从印度迁徙至非洲。这趟旅程太过漫长，一只蜻蜓穷尽一生也无法完成。走完全程需要4代蜻蜓的努力。

燕鸥

空中迁徙

陆上迁徙

海上迁徙

为了获得充足的食物，给身体储备脂肪度过冬天，北美驯鹿在美国阿拉斯加州和加拿大之间往返。

斑尾塍（chéng）鹬（yù）持续飞行的距离最长，可达到11,000千米。

北美驯鹿

每年有1亿多只帝王蝴蝶要向南飞行4,500千米，跨越北美洲到温暖的地方过冬。

斑尾塍鹬

棱皮龟

帝王蝴蝶

棱皮龟从觅食地到产卵地需要游数百千米。

座头鲸

为了在温暖的水域繁殖，再到寒冷的水域捕食，座头鲸平均要游5,000千米。

为了追随太阳，阿德利企鹅会沿着南极洲的海岸线游动。

阿德利企鹅

60 无聊十亿年，

地球上没发生什么大事。

大约18亿年前，地球经历了极为平静的10亿年。
一些科学家称这段时期为"地球最无聊的时期"，
也叫"无聊十亿年"。

"无聊十亿年"
期间

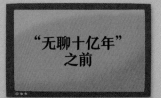

"无聊十亿年"
之前

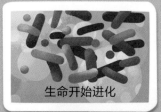

生命开始进化

"无聊十亿年"

陆块移动

火山喷发

冰川期来临

没什么大事发生

约18亿年前

61 火烈鸟把巢建在……

具有腐蚀性的湖泊中。

坦桑尼亚的纳特龙湖是地球上最不适宜生存的地方之一，这里的湖水对大多数
生物有致命危险。但每年约有250万只火烈鸟到这里繁育后代。

湖里的水温可达
60摄氏度。

湖水中含有大量碳酸
钠，碳酸钠会形成一
种含盐的混合物，叫作
泡碱（natron），纳特龙湖
（Lake Natron）就因此得名。

这些化学物质使湖水具
有腐蚀性，就像我们使
用的家用漂白剂一样。

"无聊十亿年"

"无聊十亿年"

"无聊十亿年"
之后

气候稳定

没有什么变化

复杂生命开始进化

植物在陆地上生长

大陆板块稳定

呼……

海洋中遍布生物

超大陆分离

约8亿年前

随着湖水的蒸发，湖中的泡碱形成了一座座小岛，称为蒸发岩岛。

火烈鸟喜欢吃一种名为蓝细菌的微生物，蓝细菌可以在咸水中大量繁殖。正是因为这些微生物，火烈鸟和湖水都变成了粉色。

火烈鸟在这些岛上筑巢，非洲金豺等捕食者就无法靠近它们了。

62 氦气正在不断逸散，

最终地球上的氦气将全部耗尽。

宇宙物质有将近四分之一是由化学元素氦构成的，但地球上的氦元素
储量却很少。

地球上大部分氦以气
态存在，是铀或钍等
放射性元素衰变后在
地下产生的。

氦气无色无味，几乎不
会与其他物质发生化学
反应。氦气极轻，很容
易逸散。

一些氦气存在于天然
气储集层中。

氦气从岩层裂缝中漏出。

人们从这些储集层中收集氦气。除了用于制作派对气球，氦气还可以用于医疗驱动设备、火箭和飞艇。

氦气很轻，一旦进入大气，就会不断上升，最终脱离地球引力进入太空。

一些氦气通过地震产生的裂缝散至大气中。

地球上的氦气储量很有限，科学家担心再过几百年，人类将用尽所有氦气。

63 天空垂下的丝绸，

是云写给沙漠的情书。

当地面空气温暖而干燥时，雨滴在下落过程中就会不断蒸发，在云底形成丝缕一样的美丽景观，从远处看就像垂悬着的丝绸一样。气象专家将这种现象称作雨幡。

雨幡在沙漠地区极为常见。

64 暴风雨过后，

我们常能闻到一股泥土的清香。

雨后，空气中总是弥漫着一股泥土的气味，这是由于土壤中的一种细菌产生了土臭素。

大雨过后，链霉菌随着小水滴蒸发，被带入空气中，所以泥土的气味更强烈了。

能产生土臭素的细菌叫作链霉菌。

人类的鼻子对这种气味特别敏感，但大多数人并不知道这种气味产生的原因。

65 在世界上最大的洞穴内,

生长着一片地下雨林。

越南的韩松洞是世界上最大的洞穴。洞穴内,有一条河蜿蜒流过,还长着一片繁茂的地下雨林。

1991年,人们就发现了韩松洞,但直到2009年才对这个洞穴进行了全面勘探。

洞顶有一处缺口,阳光可以从这里照进洞内。

探测者在洞内发现了一片森林,其中最高的树木高达30米。

洞高:200米

洞顶的缺口将阳光和雨水送进洞内,使得动植物能够在地下生长,渐渐形成了一片繁茂的雨林。

洞宽:150米

66 火山喷发后，

诞生了一只吸血鬼和一个科学怪人。

1815年4月10日，位于东南亚的一座火山喷发了，这是历史上最强烈的火山喷发之一，全世界都感受到了它带来的后果：气温下降、持续降雨、庄稼歉收、食物短缺，甚至还诞生了两只怪兽……

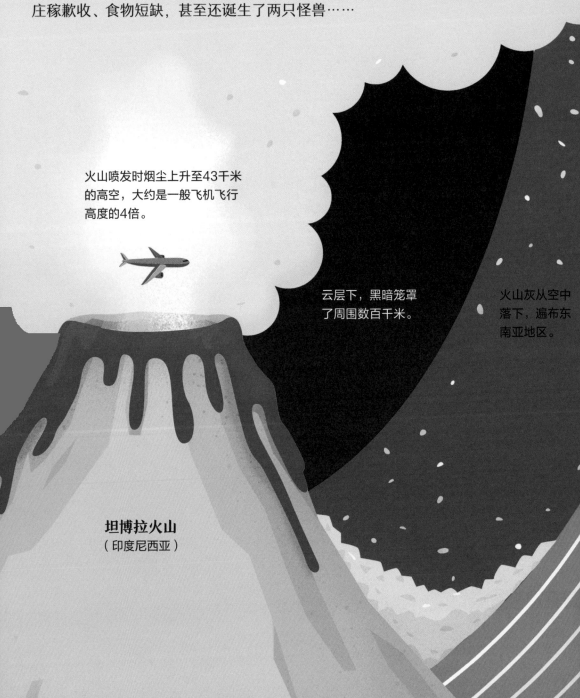

火山喷发时烟尘上升至43千米的高空，大约是一般飞机飞行高度的4倍。

云层下，黑暗笼罩了周围数百千米。

火山灰从空中落下，遍布东南亚地区。

坦博拉火山
（印度尼西亚）

四处弥漫的火山灰被吹到世界各地，阻隔阳光达数月之久。

全球气温也因此下降了。第二年，即1816年，被称为无夏之年。庄稼歉收导致全球食物短缺，可能造成了数十万人死亡。

火山喷发产生的隆隆声在近2,000千米之外的苏门答腊岛都能听到。

据远在巴黎和伦敦的人们说，他们看到了异常鲜艳明亮的落日。实际上，那是由飘浮在空中的火山灰颗粒引起的。

无夏之年的天气对作家、艺术家的创作也产生了影响。

一些作家当时正在访问瑞士，他们在避雨时创作了很多恐怖故事。玛丽·雪莱想到了一个诞生于科学实验的怪物的故事，这就是《弗兰肯斯坦》的雏形。约翰·波利多里也获得了创作《吸血鬼》的灵感，这本书后来成为第一部现代吸血鬼小说。

有40多个名字。

北美洲的最高峰是位于阿拉斯加州的一座花岗岩山峰，海拔6,190米，这一点是没有疑问的。但是关于这座山峰的名字，人们很长时间都没能达成共识。

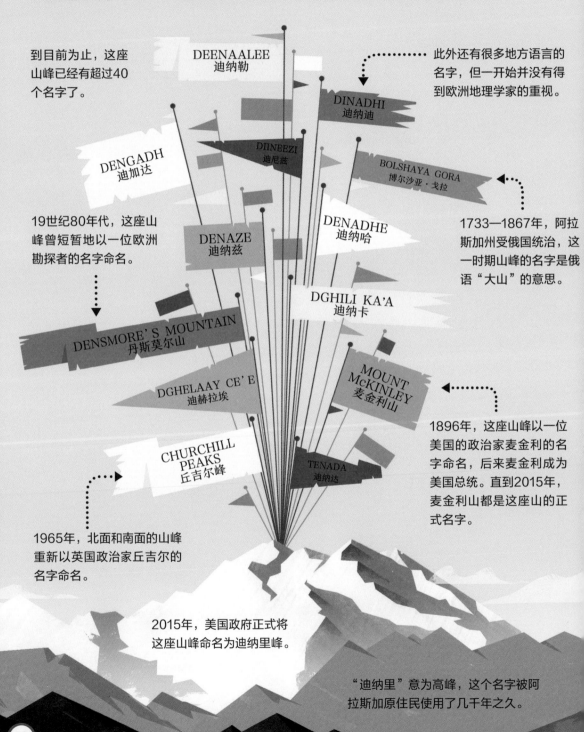

到目前为止，这座山峰已经有超过40个名字了。

DEENAALEE
迪纳勒

DINADHI
迪纳迪

DIINEEZI
迪尼兹

DENGADH
迪加达

此外还有很多地方语言的名字，但一开始并没有得到欧洲地理学家的重视。

BOLSHAYA GORA
博尔沙亚·戈拉

19世纪80年代，这座山峰曾短暂地以一位欧洲勘探者的名字命名。

DENAZE
迪纳兹

DENADHE
迪纳哈

1733—1867年，阿拉斯加州受俄国统治，这一时期山峰的名字是俄语"大山"的意思。

DGHILI KA'A
迪纳卡

DENSMORE'S MOUNTAIN
丹斯莫尔山

DGHELAAY CE'E
迪赫拉埃

MOUNT McKINLEY
麦金利山

CHURCHILL PEAKS
丘吉尔峰

TENADA
迪纳达

1896年，这座山峰以一位美国的政治家麦金利的名字命名，后来麦金利成为美国总统。直到2015年，麦金利山都是这座山的正式名字。

1965年，北面和南面的山峰重新以英国政治家丘吉尔的名字命名。

2015年，美国政府正式将这座山峰命名为迪纳里峰。

"迪纳里"意为高峰，这个名字被阿拉斯加原住民使用了几千年之久。

68 去南极洲旅行，

等待你的是"孤寂"与"绝望"。

很多时候，探险者给山峰、岛屿等地理要素的命名，与其说体现了该地的地貌特征，不如说反映了探险者当时的心境。

南极洲附近的水域散布着岛屿，其中一些岛的名字是以探险家、探险家的朋友或家乡来命名的，也有一些岛的名字则似乎表达了探险家发现该岛时的心情，比如焦虑、恐惧，或者慰藉。

因此，游览南极洲时，你可能会去这些岛——

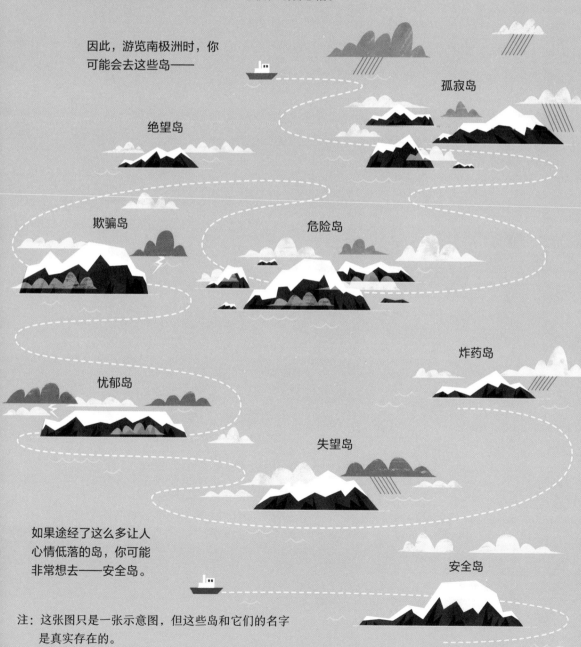

绝望岛

孤寂岛

欺骗岛

危险岛

炸药岛

忧郁岛

失望岛

如果途经了这么多让人心情低落的岛，你可能非常想去——安全岛。

安全岛

注：这张图只是一张示意图，但这些岛和它们的名字是真实存在的。

69 在沙漠的夜晚，

有一种石头会漂移。

在美国加利福尼亚州的死亡谷，有一个叫作赛马场盐湖的地方，那里的石头又大又重，仅靠人力无法搬动，可是它们似乎会自己移动，一夜之间就变换了位置。这种石头被称作风帆石。

它们是怎样移动的呢？20世纪初，科学家就开始研究这些石头，直到2014年才揭开谜底。

夜晚时分，气温下降，赛马场盐湖的表面形成薄薄的一层冰。

清晨，随着太阳升起，冰开始融化，冰块漂浮在一层浅水中。

只要有风，哪怕风力很弱，也足以使这些漂浮的冰块带着冰上的石头一起移动。

随着温度升高，炙热的太阳将水蒸发掉，那些风帆石就留在了新位置上。

70 墨西哥的一个山洞里，

有大如公交车的"水晶"。

这个洞穴下涌动着岩浆，因此洞内温度很高，勘探工作每次只能持续几分钟。

哎呀，这里温度都超过50摄氏度了。

高温使洞内含有硫黄的水慢慢蒸发，留下了一种叫作亚硒酸盐的晶体。

50多万年来，这些晶体越积越大。

它们是地球上发现的最大的"水晶"（严格来讲不是水晶矿石），其中一些同小型公交车一样大。

4米

12米

哇！

现在，这个洞穴被水淹没，无法进入了。新的"水晶"将会在里面慢慢形成。

71 好莱坞的雪……

曾经来自加利福尼亚州的沙漠。

20世纪三四十年代是好莱坞电影制作的黄金时期。那时，人们用一种叫作石膏的矿物做人造雪，这样全年就都能拍摄冬季场景。

从沙漠开采石膏，

将其运至洛杉矶，

削成白色的雪花，

除了石膏，盐、糖、香皂片、大理石粉和涂了白漆的玉米片都能在电影拍摄时充当雪。

在电影拍摄现场喷撒。

72 绕着地球转的，

不只是月球。

除了月球以外，还有数千个"迷你月球"围绕着地球转。这些"迷你月球"大部分比家用汽车小，并且没有一个能像月球那样长期存在。

受地球引力影响，这些"迷你月球"会在一段时间内绕地球轨道运动。

它们被称为临时捕获的轨道飞行器，英文简称为TCO。

TCO平均绕地球轨道运行9个月。

嘿，我才是地球唯一的卫星！

最终，它们可能进入地球大气层，或焚毁，或悄悄坠落；也有可能脱离地球引力，飞向更远的太空。

73 地球越来越热，

动物越变越小。

知 识 时 报

重大发现：动物正在缩小！

有科学家称，气候变化带来了一个意想不到的后果：随着地球平均温度的升高，许多动物的体形正在逐渐变小。本报记者进行了更深入的调查……

金枪鱼、三文鱼、鳕鱼等许多鱼类正在变小。有科学家认为，水温每升高1摄氏度，这些鱼的体形就会缩小30%。

咦，它们和以前长得不一样。

羚羊的体形比30年前小了25%。

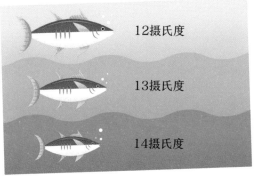

12摄氏度

13摄氏度

14摄氏度

这种情况古已有之！

5,500万年前，地球处于古新世-始新世的极热时期，温度迅速升高。化石显示，这一时期的哺乳动物体形比之前减小了约三分之一。

为什么会出现这种现象？

水温越高，水中的含氧量就越少。体形较大的鱼需要的氧气多，因此不易存活；体形较小的鱼需要的氧气少，因此容易存活下来。

炎热的天气，体形越大的动物身体越容易出现不适，因此体形小的动物更容易生存。

随着气候变热，一些动物灭绝，体形较小的动物需要的食物少，因此生存的机会更大。

天气预报			
高温天气还将持续。	星期一	星期二	星期三

74 地球上的黄金……

都来自外太空。

黄金是一种重金属，密度大，小小一块就很重。地球上不具备形成黄金的条件，只有当恒星燃烧时，它们的内部才可能产生珍贵的黄金。因此科学家认为，地球上开采出的黄金一定来自外太空。

地核里有一些黄金。科学家的解释是，地球形成初期处于熔岩状态，宇宙尘中的黄金随着岩浆的流动，渐渐沉淀到了地核中。

至于地壳中的黄金，是由表面带有黄金的陨石在撞击地球时带来的。大约40亿年前，地球经历过一个大撞击时期。

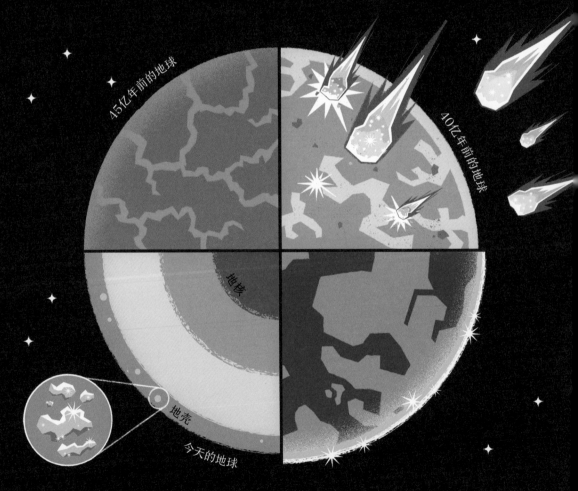

黄金在地壳中的含量只有十亿分之一。地核中的黄金含量要大得多。

科学家估计地核中的黄金足以为地球表面覆盖一层4米厚的黄金外壳，但因为它们都位于地核中，人类目前无法开采。

75 曾经的空中霸王，

未必能翱翔在21世纪的天空。

目前，世界上最大的飞行动物是信天翁。
信天翁能够在空中翱翔，是因为空气的密
度和温度刚好适合它们的翅膀，为它们的
大翅膀提供升力。

翱翔的信天翁

翼展可达4米，
体重可达12.7千克

数百万年前的侏罗纪和白垩纪，天空中
到处都是会飞的爬行动物——翼龙。翼
龙比信天翁大得多。

风神翼龙

（已知体形最大的翼龙）
翼展可达14米，
体重可达250千克

恐龙专家推测，像风神翼龙
这样的庞然大物如果想在空
中飞行，大气的温度和密度
都得比现在更高。

我这是怎么了？

今天的大气对于风神翼龙来说，未免太凉
爽稀薄了。不管多么用力地扇动翅膀，它
们永远都不可能飞离地面。

怎么了前辈？
飞不起来了？

76 他提出了棋盘式规划方法，

后来还当上了美国总统。

1776年美国建国时，只有北美洲东海岸的13个州。之后，美国的领土快速扩张到广袤的西部。美国政府迫切地想要找到规划和管理这片土地的方法，以将这片土地卖给来此定居和投资的人。

第三任美国总统托马斯·杰斐逊当时只是弗吉尼亚州的一名政客，他提出了一个解决方案：将土地划分为整齐的网格。

杰斐逊提出的方案被称作公共土地测量系统（PLSS），于1785年开始实施。测量员登记了数百万平方英里的土地。

1英里（1.6千米）

1英里

网格单元：1平方英里

每个网格单元也可以划分为更小的地块出售。

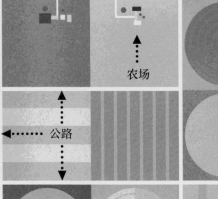

农场

公路

大农场

新兴城镇也采用了网格化布局。

湖泊

网格在很大程度上忽略了河流、山脉、湖泊等自然地貌。

慢慢地，这些网格（或者叫地块）内出现了许多巨大的圆圈，这些圆圈实际上是农田。

农田之所以呈圆形，是为了方便不断旋转的灌溉系统能像车轮辐条一样为其浇水。

公共土地测量系统是一种简单合理的体系，它使人们在只看到地图的情况下就能购买土地。今天，从空中俯瞰，依然能看到这种规划方法形成的"棋盘"。

河流

77 在海拔极高的山峰上，

登山者可能会觉得身边多出一个人。

在世界最高的几座山峰上，因为气温极低，人类无法长时间待下去。另外，在高海拔地区，身体会出现一系列致命疾病的症状，甚至产生一种幻觉，也就是所谓的"第三人因素"。

海拔8,000米及以上的山峰叫作"死亡区"，在这一区域，人体吸入的氧气只有在海平面的三分之一。

死亡区

海拔
8,000米

缺氧会引起头痛、疲劳、恶心、失眠、局促不安，甚至可能患上脑水肿或肺水肿，这两种病都很致命。

许多登山者表示，在高海拔地区，他们会感觉到身边出现了一个神秘的人。

这个神秘的人会陪伴他们登山，还会给出或好或坏的建议。但其实这是登山者自己产生的幻觉，是大脑给他们提供了错误的信息。

当登山者返回到海拔较低的地区时，这个神秘的人就会渐渐消失。

78 去极地探险，

你可能得带上假发、戏服和道具。

19世纪，极地探险家驶入北极圈，去寻找新的航线，探索未知的岛屿。他们带着生存所需的物品，包括舞台道具和戏服。

在地球的两极，一年中有6个月的时间太阳都位于地平线以下，所以带这些物品大有用处。

当寒冷黑暗的冬季到来，海水结冰，探险工作就不得不暂停。通常，从每年8月到次年6月，海面都是冻结的。

因此，每年有10个月，探险船会被困在冰上不能航行，直到海面再次融化。

一月	二月	三月	四月	五月	六月	七月	八月	九月	十月	十一月	十二月

在寒冷、狭窄的船上度过几个月的时间，人们会感到无聊、烦闷、脾气暴躁，心理健康很受影响。

因此，为了保持士气，探险者们会为船员组织戏剧、演讲、音乐会等活动。这个时候，假发、戏服和道具就显得非常重要了。

79 一群小黄鸭，

帮忙摸清了洋流的分布。

1992年，一艘集装箱船在风暴中受损，船上运载的29,000只黄色橡皮鸭和其他洗澡玩具落入了太平洋。海洋学家利用这些货物的漂流轨迹，发现了更多洋流的信息。

洋流带着19,000只小黄鸭一路向南，到达澳大利亚、印度尼西亚和南美洲。其他的小黄鸭则向北漂去。

2

1993年：400只小黄鸭漂到了距离落水点3,200千米的阿拉斯加海岸。

3 **1995年**：在距离落水点4,500千米的北极圈，人们发现了几百只冻住的小黄鸭。

小黄鸭落入海中后，被洋流带到了不同的地方。
这张地图显示了已追踪到的小黄鸭的漂流路线。

2001年：在距离落水点9,500千米的纽芬兰海岸，人们也发现了一些小黄鸭。

2007年：一部分小黄鸭到达欧洲，其中一只出现在了苏格兰的海滩上，这里距离落水点约16,500千米。今天，还有2,000只小黄鸭在海里漂流。

海洋学家通常使用漂浮的电子追踪器来获取信息，且每次投放约1,000个。
而这一次，几万个漂浮玩具为海洋学家提供了更为详细的信息。

80 黑死病……

让地球变得更冷了。

17世纪至19世纪，全球气温急剧下降，历史学家将这段时间称为"小冰期"。在此之前，人类遭遇了一场毁灭性的瘟疫——黑死病。科学家认为，黑死病导致的全球人口减少也是气候变化的原因之一。

14世纪，黑死病在西亚和欧洲肆虐，夺走了数千万人的生命。

全球人口锐减20%以上，许多村镇因此变得空无一人。

废弃的村庄慢慢衰败，而树木越长越多，许多地方重新成为一片森林。

树木吸收了大量二氧化碳，从而使气温下降。
现代土壤研究也证实了这一理论。

这只是那一时期气候变化的部分原因。大洋环流改变、太阳辐射变弱等也是导致气候变化的重要因素。

81 只需要一点点灰尘，

就能使高山上的冰川融化。

干净、洁白的雪可以将90%的阳光反射回去，因此冰川得以常年保持低温冻结的状态。但如果蒙上一层薄薄的灰尘，冰川的命运可能因此而改变。

1
烟尘中的微小颗粒进入大气，悬浮在空中。

2
其中一些颗粒随风落在冰川上。

3
被灰尘覆盖的冰川表面较暗，反射的阳光较少，因此会吸收更多热量。这些热量使冰川开始慢慢融化。

4
19世纪50年代，当蒸汽火车和工厂开始向空气中排放烟尘时，欧洲阿尔卑斯山脉的冰川也开始融化。

今天，这些冰川仍在不断融化，变得越来越小。

82 火山雾、熔岩霾、熔岩旋风……

使火山喷发更加危险。

火山喷发时，炙热的熔岩喷出地表，热气涌上天空，火山灰也喷薄而出。
但火山喷发的危害远不止这些。

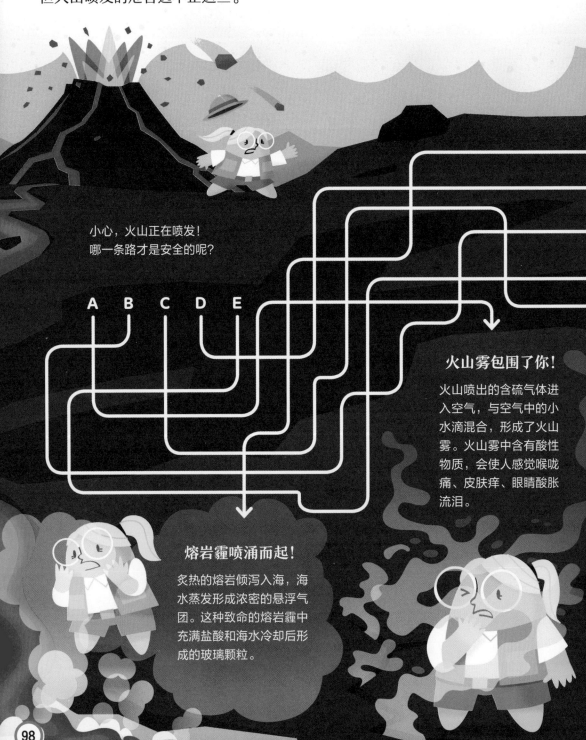

小心，火山正在喷发！
哪一条路才是安全的呢？

A B C D E

火山雾包围了你！

火山喷出的含硫气体进入空气，与空气中的小水滴混合，形成了火山雾。火山雾中含有酸性物质，会使人感觉喉咙痛、皮肤痒、眼睛酸胀流泪。

熔岩霾喷涌而起！

炙热的熔岩倾泻入海，海水蒸发形成浓密的悬浮气团。这种致命的熔岩霾中充满盐酸和海水冷却后形成的玻璃颗粒。

火山毛缠住了你！

流动性强的熔岩喷起时，在空中冷凝成一缕缕又细又轻的玻璃，随风飘浮。这种细长如发的玻璃叫作火山毛。金色的火山毛闪着微光，很容易四散开去。

小心，不要吸入这些碎屑！

熔岩旋风将你带入灰烬！

熔岩流的巨大热量会形成一股猛烈的、旋转着上升的气流。这股气流将四处飞溅的熔岩卷入空中，形成熔岩旋风。

祝贺你！

经过千锤百炼，终于活下来了！

83 新的一天和旧的一天之间，

只隔着几千米冰冷的海水。

在美国阿拉斯加州和俄罗斯之间的海面上，天寒地冻，狂风肆虐。
这里有两块荒凉的岩礁，分别叫昨天岛和明天岛。两座岛的距离只
有3.8千米，时差却有21小时。

昨天岛

正式名称：小代奥米德岛
常住人口：少于200人
所属国家：美国

小村庄

国际日期变更线
从北极跨越太平洋至南极。

10月	27日	星期三
06	:	00

气象站、军事基地

明天岛

正式名称：大代奥米德岛
常住人口：0
所属国家：俄罗斯

10月	28日	星期四
03	:	00

两座岛的时间不同是由于
存在国际日期变更线。这
条线连接两极，是新的一
天与旧的一天的界限。

无论当地时间是几点，国际日
期变更线的一侧是某一天，另
一侧就是前一或后一天。

国际日期变更线

正午

午夜

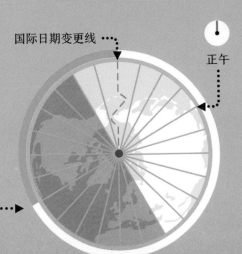

● 北极

星期三

星期四

84 周五、周六、周日……

也会同时出现。

① 国际日期变更线不是一条直直连接两极的直线，而是一条折线。为了避免横穿一些国家，这条线沿着周围国家的国界分布，所以它看上去弯弯曲曲的，就像图中所示。

基里巴斯

南太平洋上的国际日期变更线

② 南太平洋上的国际日期变更线就围着由许多岛屿组成的国家基里巴斯绕了数千千米。为了方便计时，该国采用东十四区时间作为标准时间。

③ 这使得每天大约有两小时，昨天、今天和明天同时存在于世界的不同地方。

美属萨摩亚

④ 比如：当美属萨摩亚为1月1日23时30分，伦敦时间则是1月2日10时30分，基里巴斯的时间是1月3日0时30分。

嘿，现在几点了？

呃，这得看我们在哪边了。

冬季，大代奥米德岛和小代奥米德岛之间有时会结冰。

这样你就可以从新的一天走到旧的一天，然后再走回来。

竟然出自史前生物大地懒之手。

大部分洞穴是由于水流侵蚀而形成的，不过科学家发现，南美洲有1,500多个洞穴似乎是以其他方式形成的。其中，目前发现的最大的洞穴深度超过了610米，是由许多坑道连接成的一个网络。

科学家注意到，这些坑道里布满了奇怪的抓痕……

和波浪状起伏的拱形顶。但单纯靠水的侵蚀，是无法形成这种拱形顶的。

基于这些特点，科学家将这些洞穴命名为古地洞。他们推测这是1万多年前大型史前生物挖掘的，并且这种生物很可能是大地懒。

大地懒在坑道中挖一会儿，歇一会儿，再挖一会儿，再歇一会儿……于是洞穴就呈现出了这样奇特的形状。

大地懒已经灭绝了。目前已知的是，它的大小和体重与大象相近。

86 鸡骨化石……

将成为人类存在的证据。

不同的岩层按先后顺序缓慢形成。科学家根据岩层的组成物质和化石特征，就能判断出一个世与另一个世之间的区别（参见第38页）。一些专家认为，人类开创了一个新纪元，叫作人类世。

人类吃的食物很可能会留下一些证据，证明人类在地球上活动过。这些证据分布的范围极广。

工业化养殖的鸡个头儿要比它们的祖先大得多。

在全球范围，人们每年要丢弃600亿只鸡的骨头。

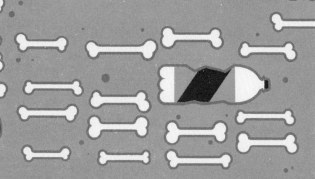

数千年之后的科学家将发现含有许多较大鸡骨化石的岩层。

这些鸡骨化石，再加上由塑料、混凝土等废弃物组成的"技术化石"，将证明人类世时期的存在。

年代较远的岩层中，鸡骨化石要小得多、少得多，而且也不会有"技术化石"这种物质。

这说明那时人类尚未主宰地球。

更深层的岩层中将出现恐龙化石。恐龙存在的年代远远早于鸡和人类存在的年代。

人类才是地球生命……

最大的威胁。

地球在历史上曾出现过五次生物大灭绝，即大量物种在短时间内灭绝。气候或大气的突然变化往往是生物大灭绝的主要原因。一些科学家认为，地球现在正处在第六次生物大灭绝中，而这一次造成大灭绝的是人类。

图上显示了一些会造成生物灭绝的人类活动。

温暖的水湾

全球变暖导致水温升高，很多海洋生物无法适应。

土地售出
新楼盘建设中

森林萎缩

为修公路、建城镇、耕农田，森林被大面积砍伐，植被遭到破坏，动物也随之陷入困境。

无冰山脉

随着积雪融化，冰川面积缩小，一些山地物种将无处生存。

狂风肆虐的海滨

人类造成的气候变化会带来更频繁的灾难性风暴，这些风暴会摧毁整个地区的动物和它们的家园。

死去的珊瑚虫

随着海水升温，珊瑚虫正在不断死亡。

受阻的道路

纵横交错的道路阻挡了动物活动的路线，迫使它们和同伴分离，无法找到食物和水。

停

前方道路不通！

尘土飞扬的沙漠

随着气温上升，炎热地区的降水量锐减，全球越来越多的地方正在沙漠化。

城市扩张

每天，城镇都在向周围的乡村扩张，破坏动植物的生存环境。

有毒的河水

城市排放的垃圾正在污染大量水体，使鱼类无法生存。

尽管很难得出确切的数据，但大部分科学家认为，人类的行为使生物大灭绝的速度变为原来的100至1,000倍。因此，我们需要采取行动，防止恶果的产生。

88 海底深处，

可能藏着一个新大洲。

地球上有七大洲，而西兰蒂亚洲则有望成为第八大洲。尽管它还没有被承认，但一些地质学家认为，它满足大洲应具备的所有条件。

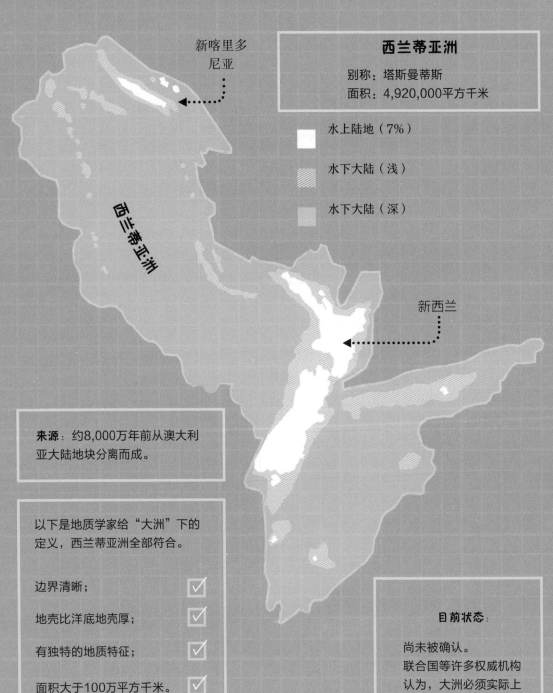

新喀里多尼亚

西兰蒂亚洲

新西兰

西兰蒂亚洲

别称：塔斯曼蒂斯
面积：4,920,000平方千米

水上陆地（7%）

水下大陆（浅）

水下大陆（深）

来源：约8,000万年前从澳大利亚大陆地块分离而成。

以下是地质学家给"大洲"下的定义，西兰蒂亚洲全部符合。

边界清晰；	☑
地壳比洋底地壳厚；	☑
有独特的地质特征；	☑
面积大于100万平方千米。	☑

目前状态：

尚未被确认。
联合国等许多权威机构认为，大洲必须实际上包括一块干燥的陆地。

89 印度尼西亚的一座火山……

能喷出蓝色的火焰。

位于印度尼西亚爪哇岛东部的
卡瓦伊真火山十分特别。

火山喷发时一般会产生火红色和橙色
火焰，而卡瓦伊真火山喷发时却会
产生蓝色的火焰。

这一地区的岩石中含有大量硫黄，
火山的高温会将硫黄转化为气体。

当这些气体到达火山表层，
后燃烧，就会产生蓝色的火焰。
与空气中的氧气混合

液态硫黄一边燃烧一边沿着火山
流淌，看上去就像蓝色的岩浆。

90 法老项链上的一颗珍贵宝石，

是在陨石撞击地球时形成的。

1922年，考古学家发现了埃及法老图坦卡蒙的墓穴，并在其中找到了法老的项链。这条项链上镶满了珍贵的珠宝，最中间的那一颗是用利比亚沙漠的玻璃制成的，而这种玻璃是在2,000万年前陨石撞击地球时形成的。

利比亚沙漠玻璃

陨石撞击地球时产生的高温高压将沙粒熔化，形成了这种极稀有的黄绿色玻璃。

黄金

古埃及人认为黄金代表永恒的生命，因为它不会变暗或生锈。

青金石

这种深蓝色宝石来自遥远的阿富汗矿藏。

橄榄石

这种宝石要在月光下开采，因为白天明亮的光线下很难发现它。

红玛瑙

古埃及人很珍视这种橙红色的宝石，认为它象征太阳。

绿松石

埃及西奈半岛地区有一座绿松石矿场，在矿场旁，古埃及人修建了一座敬献给绿松石女神哈索尔的神庙。

91 群青……

曾比黄金还要珍贵。

青金石是一种珍贵的宝石，曾被艺术家视为珍宝。艺术家们研磨青金石，制成了一种独特的亮蓝色颜料，叫作群青。在长达几个世纪的时间里，由于只找到一处青金石产地，群青成了世界上最昂贵的颜料。

18世纪以前，位于现在阿富汗的萨尔桑矿场是唯一出产青金石的地方。

将青金石研磨制成群青的过程费时久且艰难，产出的颜料量也极少。

由于数量稀少，颜色纯正，许多艺术家只在极重要的作品中使用群青，比如一些宗教主题的画作。

由于负担不起足够的群青，而又拒绝使用稍逊色的蓝色颜料代替，16世纪的意大利艺术家米开朗琪罗未能完成他的作品《埋葬》。

92 有比珠穆朗玛峰更高的山峰？

钦博拉索山想比一比。

珠穆朗玛峰的峰顶是海平面以上的陆地最高点，它被认为是世界最高峰。但如果从地核中心开始测量，地球上的最高点应该是钦博拉索山。之所以会有不同，是因为地球不是一个正球体，而是扁球体，赤道那一圈距离地核最远。

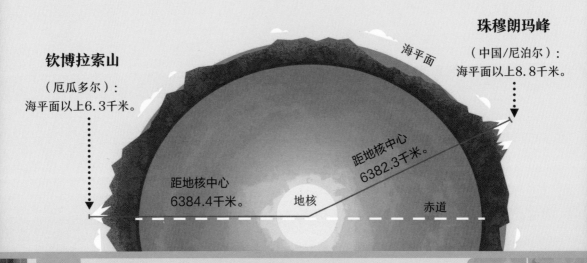

珠穆朗玛峰

（中国/尼泊尔）：
海平面以上8.8千米。

钦博拉索山

（厄瓜多尔）：
海平面以上6.3千米。

海平面

距地核中心
6382.3千米。

距地核中心
6384.4千米。

地核

赤道

93 地球上最潮湿的地方……

利用活树来建桥。

每年，印度东北部都会有大量降雨。在倾盆大雨下，用来搭桥的木料会很快腐烂，因此当地人用活树建造桥梁。

首先，用竹竿搭建桥的框架。

然后，将活的无花果树的树根缠在桥架上。

随着时间的推移，结实而有韧性的树根从河的一侧长到对岸，形成一座树桥。

建成这种树桥要花十多年的时间，但可以使用数百年。

94 有两条河即便相遇，

也是各走各的道儿。

在巴西玛瑙斯，内格罗河的深色河水与亚马孙河的浅色河水相遇了。由于两条河河水的温度、密度和流速均不同，它们没有立即汇合，而是并行流淌了一段时间。

亚马孙河

内格罗河

来自安第斯山脉的泥沙使亚马孙河含沙量大、密度较高。

腐烂的植物在内格罗河中分解，使河水的颜色较深，但清澈透明。

最大流速：每小时6千米
水温：22摄氏度

流速：每小时2千米
水温：28摄氏度

两条河并行流淌约6千米。

最终，河中间的一座岛屿使水流旋转，产生漩涡……

两条河这才交汇在一起。

汇合成的河流被称为亚马孙河，它继续向前奔流了1,500千米，之后汇入大西洋。

95 超级珊瑚虫……

或许可以拯救全球的珊瑚礁。

全球变暖使海水温度上升，大量珊瑚虫因白化而死，最终将导致珊瑚礁从地球上消失。科学家正在培育更强壮、更耐高温的珊瑚虫，试图以此来拯救珊瑚礁。他们将这种珊瑚虫称为超级珊瑚虫。

科学家来到珊瑚虫正在白化或死亡的水域。

他们摘取存活下来的珊瑚虫，反复培育，创造出超级强壮的新珊瑚虫。

科学家还想通过特定的细菌，帮助珊瑚虫在有石油泄漏的水域存活下来。

这种改良后的超级珊瑚虫将会被重新移植回海中，逐渐形成一片新的珊瑚礁。

珊瑚礁只占海底面积的0.2%，却为25%的海洋生物提供了庇护所。如果不大面积、全方位地对其进行保护，珊瑚礁将在未来30年内消失殆尽。

"疯狗浪"很常见，

但不可预测，也无法解释。

水手们常常提到，在没有任何预兆的情况下，开阔的海面上会突然掀起异常巨大的海浪，几秒钟内就能将船只掀入海中。以前没有人相信水手的讲述，直到1995年元旦那一天……

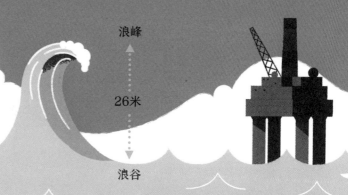

1995年元旦

挪威海岸的德劳普纳海上石油开采平台上的设备监测到一个奇怪的巨浪，它的冲击力极大，是有记录以来最大的海浪。

浪峰

26米

浪谷

这个监测结果证明了"疯狗浪"的存在。"疯狗浪"是一种异常凶险的海浪，来势汹涌，规模是周围海浪的两倍。

现在，科学家已经证实"疯狗浪"比较常见。

但海洋学家并不知道"疯狗浪"为什么如此猛烈，它可能与风和洋流的细微变化有关，也可能与波和波之间的相互作用有关。

风

洋流

人们认为，多年来"疯狗浪"已经摧毁了无数船只，甚至还摧毁了救援直升机等低空飞行器。

97 人类建的一道墙，

创造了大自然中的一片绿洲。

曾经，人类用水泥墙、铁丝网把欧洲的柏林一分为二。
这道长约154千米的墙的两侧，大自然欣欣向荣。

这道墙是冷战时期修建的。

警戒塔

黑喉石䳭（bī）

地雷

同时这里也成了一片人烟稀少的
狭长地带，没有了耕地、盖楼等
人类活动，大约600种珍稀动植
物开始在这里繁衍生息。

铁丝网

田野林蛙

珍珠蚌

黑鹳

修建这道墙是为了阻止
间谍、破坏者或难民通
过双方的边界。

红背伯劳

坦克

水獭

机枪掩体

兜兰

如今，这道墙已经被拆除，人们可
以自由通过，但这片狭长的地带大
部分仍是苍翠繁茂的自然保护区。

98 沙漠尘……

为亚马孙雨林"施肥"。

在非洲的撒哈拉沙漠，有一个地方叫作博德莱洼地，那里曾是一个湖泊。

湖里的微生物被掩埋在沙尘中，使沙漠尘富含营养物质。

每年，博德莱洼地的大量沙漠尘随风扬起，一路向西跨过大西洋。

许多沙漠尘会落入海中，但也有一些可以跨越5,000千米的海洋。

沙漠尘被吹到南美洲，落入亚马孙雨林。这些沙漠尘中富含磷，能够为雨林中的植物提供养分，帮助它们更好地生长。

而且，沙尘中的磷刚好代替了雨林土壤中因雨水冲刷而流失的磷。如果没有这些来自撒哈拉沙漠的沉积物的滋养，亚马孙雨林可能将慢慢消失。

有一片水下草场，

比金字塔还要古老。

波西多尼亚海草是地球上寿命最长的生物之一。它们生长在地中海，比人类创造的许多文明都要古老。

科学家在探测一片海草草场时发现，这片草场绵延15千米，尽管看起来像是由数千株植物组成，但整片草场实际上是一个单一的生物体。

根据草场的面积和海草的生长速度，科学家估算这片草场已经存在20万年了。也就是说，它比以下事物都要古老——

埃菲尔铁塔
（1889年建成）

雅典帕提侬神庙
（约2,500年前建成）

波西多尼亚海草通过分生组织不断分裂来实现繁殖，这个过程属于无性繁殖。

以这种方式形成的草场只有一个根系，因此被视为一个单一生物体。

金字塔

（约4,500年前建成）

猛犸

（约15,000年前灭绝，那时海草草场已经185,000岁了）

117

怎样结束是一个概率问题。

在未来的几十亿年里，太阳很可能变成红巨星，它将烧掉地球大气，蒸干海洋。但在这一切发生之前，也可能出现其他糟糕的事情。

你可以用掷骰子的方式通过地球的命运之轮。

这一页展示了科学家设想的未来某一天地球上将会发生什么事。

但在所有可能的结果中，有一个能幸存下来的机会，你能找到它吗？

再掷一次

宇宙灾难

再掷一次

科技时代

出发点：
今天的地球

再掷一次

紫色瘟疫

机器人称王

人工智能越来越先进。计算机获得自我意识，征服了人类。

机器人称王

再掷一次

再掷一次

纳米机器人

科学市集

让我们发明一些新技术吧！

太空电梯

科学家造出了太空电梯，将沉重的宇宙飞船送入轨道。之后，人类离开地球，探索宇宙，找到了新的栖息地。

太空电梯

再掷一次

伽马射线爆发

两颗邻近的恒星碰撞，产生一束毁灭性的伽马射线。

伽马射线会破坏地球臭氧层，使人类暴露于辐射中。

来自外太空的宇宙灾难

1. 再掷一次
2. 伽马射线爆发
3. 再掷一次
4. 外星人入侵
5. 再掷一次
6. 行星撞击

外星人入侵

科学家认为，银河系中很可能存在数百万个外星文明。一旦他们发现地球有生命存在，可能会向地球发起进攻。

行星撞击

一颗巨大的无规则运行的行星猛冲进太阳系，径直撞向地球。嘭！

超级火山喷发

一次巨大的火山喷发将火山灰喷入地球大气中，黑暗笼罩地球数年之久。

等等……

难道没有更紧急的事情需要我们担忧吗？

请翻至第104—105页看一看吧。

核危机到来

核战争爆发。城市和森林被摧毁。厚厚的原子尘覆盖在地球上。

引力失衡

一颗巨大的无规则运行的行星飞驰而来，从地球旁经过，它的引力使地球脱离轨道。于是，地球旋转着进入了星际空洞。

纳米机器人

纳米机器人（能够复制自己的微型机器人）失去控制，不停地复制自己，使地球变得死气沉沉。

轰隆隆！

地面为什么在摇晃？

1. 再掷一次
2. 超级火山喷发
3. 再掷一次
4. 核危机到来
5. 再掷一次
6. 引力失衡

好玩的知识从哪里来?

书中介绍的有趣内容是从世界各地搜集而来，你可以在下面的地图上找一找。

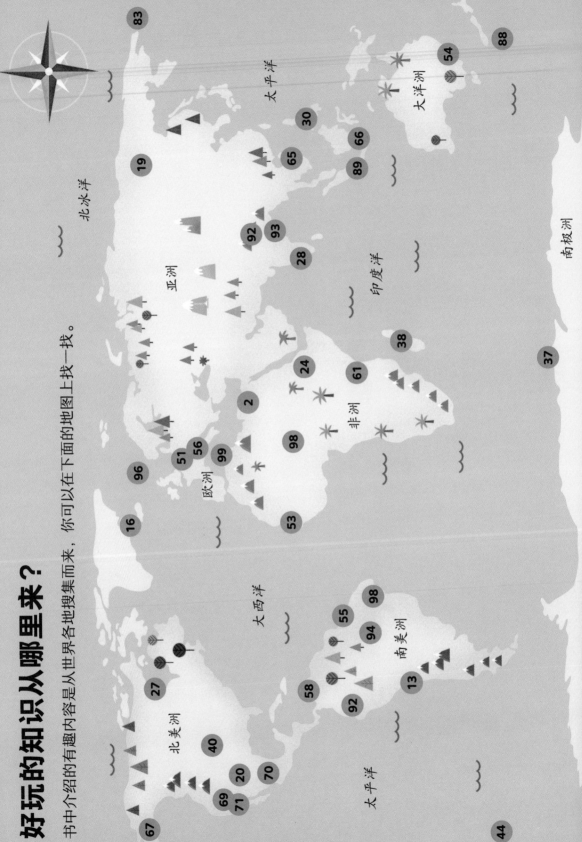

保护我们的绿色家园——地球

人类活动对地球造成了很大伤害，所以生活中我们要有意识地减少一些对地球的危害，保护人类赖以生存的家园。

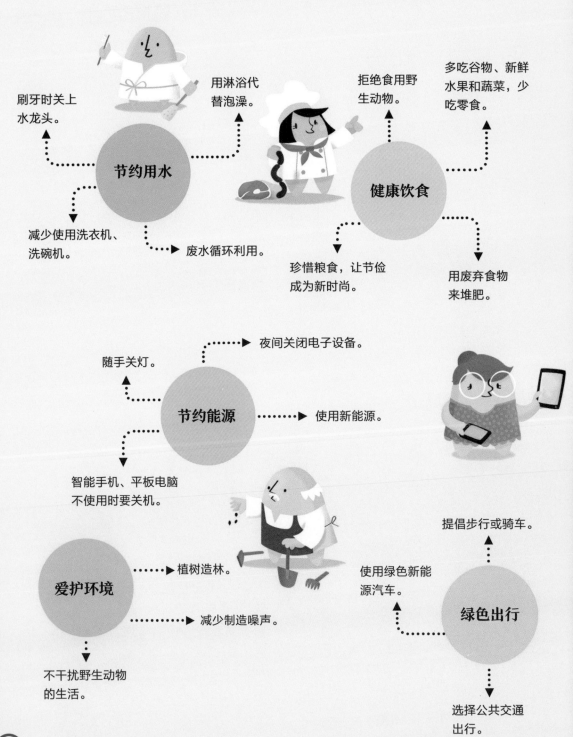

刷牙时关上水龙头。

用淋浴代替泡澡。

拒绝食用野生动物。

多吃谷物、新鲜水果和蔬菜，少吃零食。

节约用水

健康饮食

减少使用洗衣机、洗碗机。

废水循环利用。

珍惜粮食，让节俭成为新时尚。

用废弃食物来堆肥。

随手关灯。

夜间关闭电子设备。

节约能源

使用新能源。

智能手机、平板电脑不使用时要关机。

爱护环境

植树造林。

减少制造噪声。

使用绿色新能源汽车。

提倡步行或骑车。

绿色出行

不干扰野生动物的生活。

选择公共交通出行。

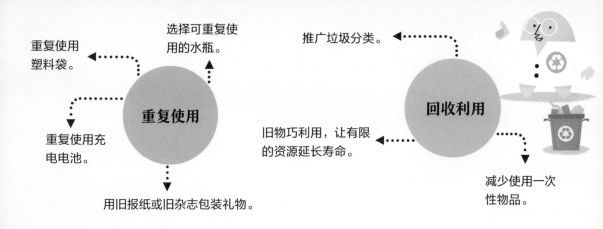

重复使用塑料袋。

选择可重复使用的水瓶。

推广垃圾分类。

重复使用

重复使用充电电池。

旧物巧利用，让有限的资源延长寿命。

回收利用

用旧报纸或旧杂志包装礼物。

减少使用一次性物品。

认准绿色食品标志，保障自身健康。

交流捐赠多余物品。

维护绿化，捐资种树。

参与志愿活动

响应国家号召

购买无公害食品，保护生态环境。

做环保志愿者，积极参与环保宣传。

积极向亲人、朋友推广环保理念。

掌握更多知识

保护地球
要从了解地球开始！

· 阅读更多与地球或环保相关的科普图书；

· 在家长的陪同下观看以地球或自然为主题的纪录片；

· 在专业老师的带领下走进大自然去实地考察。

了解越多，你越能发现地球家园的美好可爱，
也越能激发你保护地球的责任感。

术语表

北极：地球表面与地球自转轴北端的交点，泛指北极圈内所包含的地区。

濒危物种：由于生态环境变化、人类活动影响而濒临灭绝的物种。

冰川：冰受自身重力作用沿斜坡缓慢运动或在冰层压力下缓缓流动的天然冰体。

冰盖：横跨水体两岸覆盖水面的固定冰层。

沉积岩：由成层沉积的松散沉积物固结而成的岩石。

赤道：通过地球中心画一个与地轴成直角相交的平面，在地球表面相应出现一个和地球的极距离相等的假想圆圈。

臭氧：三原子形式的氧。常温、常压下无色，有特殊臭味，具有强氧化作用。

臭氧层：地球上空10—50千米臭氧比较集中的大气层，其最高浓度在20—25千米处。

大陆：地球上面积广阔而完整的陆地。

大气：包围地球的空气层。

地壳：从地表到莫霍面，由各种岩石构成的圈层。

地幔：指莫霍面至深2,900千米的古登堡面的圈层。

地震：地壳在内、外营力作用下，集聚的构造应力突然释放，产生震动弹性波，从震源向四周传播引起的地面颤动。

地轴：连接地心和南极、北极的假想直线。

高原：海拔在500米以上、面积较大、顶面起伏较小、外围较陡的高地。

光合作用：植物利用光能合成有机物的过程。

海拔：平均海平面以上的垂直高度。

海啸：海底地震或火山爆发所引起的具有强大破坏力的海浪。

化石：由于自然作用在地层中保存下来的地史时期生物的遗体、遗迹，以及生物体分解后的有机物残余等统称为化石。

化石燃料：古代生物遗体在特定地质条件下形成的、可作为燃料和化工原料的沉积矿产，包括煤、油页岩、石油、天然气等。

环境：影响生物机体生命、发展与生存的所有外部条件的总体。

火山喷发：地球内部物质快速猛烈地以岩浆形式喷出地表的现象。

灭绝：当一个物种的最后一个个体死亡后，称该物种灭绝。

南极：地球表面与地球自转轴南端的交点，泛指南极圈内所包含的陆地与海洋。

栖息地：生物出现在环境中的空间范围与环境条件总和。

气候：某一地区多年的天气和大气活动的综合状况（平均值、方差、极值概率等）。

气候变化：气候演变、气候变迁、气候振动与气候振荡的统称。

沙漠：地球表面干燥气候的产物，一般是年平均降水量少于250毫米，植被稀疏，地表径流少，风力作用明显，产生了独特的地貌形态。

珊瑚礁：以珊瑚骨骼为主骨架，辅以其他造礁及喜礁生物的骨骼或壳体所构成的钙质堆积体。

湿度：表示空气中水汽含量的数值。

时区：1884年国际经线会议规定，全球按经度分为24个时区，每区各占经度15度。以本初子午线为中央经线的时区为零时区，由零时区向东、西各分12区，东、西12区都是半时区，共同使用180度经线的地方时。

太阳系：由太阳和围绕它运动的天体构成的体系及其所占有的空间区域。

细胞：能进行独立繁殖的有膜包围的生物体的基本结构和功能单位。

小行星：沿椭圆轨道绕日运行，不易挥发出气体和尘埃的小天体。

引力：宇宙空间中物质之间遵循牛顿万有引力定律相互吸引的力。

永久冻土：永久性冻土，暖季土壤上层可能解冻，但下层仍然冻结。

陨石：从星际空间穿过地球大气层而陨落到地球表面上的天然固态物体。

索引

一支专业团队通力合作，

才挖出了100件出人意料的事。

内容创作

杰罗姆·马丁　　达兰·斯托巴特
爱丽丝·詹姆斯　　汤姆·蒙布雷
亚历克斯·弗里斯　　罗斯·霍尔

版式设计

珍妮·奥夫利　　伦卡·赫霍娃
蒂莉·基奇　　海伦·库克　　杰米·鲍尔

插画绘者

费德里科·马里亚尼
帕科·波罗
戴尔·埃德温·默里

顾问专家

罗杰·特伦德博士

统筹编辑

露丝·布洛克赫斯特

统筹设计

斯蒂芬·蒙克里夫

本书中文版内容由北京市大兴区
兴华中学地理教师冯哲审订。

128